泥炭基垃圾焚烧烟气
净化活性炭的定向制备

NITANJI LAJI FENSHAO YANQI

JINGHUA HUOXINGTAN DE DINGXIANG ZHIBEI

邓 锋◎著

电子科技大学出版社

University of Electronic Science and Technology of China Press

· 成都 ·

图书在版编目（CIP）数据

泥炭基垃圾焚烧烟气净化活性炭的定向制备 / 邓锋
著. — 成都：电子科技大学出版社，2024.1
ISBN 978-7-5770-0582-9

Ⅰ. ①泥… Ⅱ. ①邓… Ⅲ. ①垃圾焚化—烟尘治理—
活性炭—制备 Ⅳ. ①TQ424.1

中国国家版本馆 CIP 数据核字（2023）第 179447 号

泥炭基垃圾焚烧烟气净化活性炭的定向制备
邓　锋　著

策划编辑　吴艳玲　刘　凡
责任编辑　刘　凡
责任校对　魏　彬
责任印制　段晓静

出版发行　电子科技大学出版社
　　　　　成都市一环路东一段159号电子信息产业大厦九楼　邮编 610051
主　　页　www.uestcp.com.cn
服务电话　028-83203399
邮购电话　028-83201495

印　　刷　四川煤田地质制图印务有限责任公司
成品尺寸　145mm×210mm
印　　张　6.375
字　　数　200千字
版　　次　2024年1月第1版
印　　次　2024年1月第1次印刷
书　　号　ISBN 978-7-5770-0582-9
定　　价　60.00元

前　　言

城市的发展不可避免会产生大量生活垃圾，虽然焚烧处理可对垃圾有效减容减重，但垃圾焚烧会产生"三致"物质二噁英。工程上广泛采用活性炭净化垃圾焚烧厂产生的烟道气、吸附脱除二噁英，具有发达的 2~5 nm 孔隙是活性炭高效吸附二噁英的前提，但其吸附二噁英的作用机制还不够清晰。泥炭作为煤化学意义上的"准年轻煤"和林产学意义上的"年老生物质"，是制备煤基活性炭或木质活性炭的优良大宗原料。目前，工业生产活性炭主要采用的物理活化法和化学活化法，所涉及的中孔调控技术对 2~5 nm 孔的适用性和针对性明显不足，孔结构演化的作用机制尚不够明晰。

本书采用分子模拟方法（materials studio，MD）研究活性炭吸附二噁英的过程；以贵州毕节泥炭为原料，采用物理活化法（水蒸气活化、二氧化碳活化）和磷酸化学活化法制备泥炭基活性炭，利用热重分析（TGA）考察泥炭炭化/活化过程的热解/气化反应性，采用 X 衍射（XRD）分析炭化料的微晶结构，通过解析活性炭的 N_2 吸脱附等温线表征活性炭的孔结构，以激光拉曼光谱（Raman）、傅里叶变换红外光谱（FTIR）、扫描电子显微镜（SEM）表征炭化料和活性炭的碳结构、表面化学、微观形貌。

本书所述研究工作主要包括：①活性炭 2~5 nm 孔径吸附二噁英的作用机理、适于吸附二噁英的活性炭孔结构特征；②泥炭的炭化和气体活化反应性，炭化料经物理活化形成活性炭过程中组成、结构的演变特征及对活性炭孔结构、吸附性能的影响；③物理活化制备泥炭基活性炭的孔结构演化规律和作用机制，2～5 nm孔的调控途径；④磷酸在泥炭炭化/活化过程中的作用机理，磷酸活化制备泥炭基活性炭的孔结构演化规律和2～5 nm孔的调控途径。

本书主要研究结论有以下几点。

（1）活性炭的2～5 nm孔隙具有良好的二噁英吸附能力，其原因在于此范围孔的内部具有较大的吸附作用势；适合吸附净化二噁英的活性炭应具有发达的中孔（2～50 nm），尤其是2～5 nm的孔隙。

有毒二噁英异构体2，3，7，8-四氯代二苯并-对-二噁英（TCDD）分子与活性炭狭缝孔壁间的作用势有两个以孔中心为轴对称分布的能量最低点，孔径为2～5 nm特别是2～4 nm时，孔中心和孔壁面附近均有较大的作用势，吸附过程中TCDD分子与活性炭的相互作用能在孔径大于2 nm后的强度分布逐渐向低吸附能区偏移，孔隙对TCDD分子的吸附能力逐渐减弱。

在120～200 ℃温度范围内，活性炭对TCDD分子的吸附性能与中孔的发达程度呈正增长关系，中大孔率相近时2～5 nm孔隙发达的活性炭利于吸附二噁英，中孔发达、具有较高2～5 nm孔容的活性炭的TCDD扩散系数值及相同温度条件下的亨利常数值、吸附量最大。

（2）泥炭在不同炭化条件下形成了组成和结构差异较大的炭素前驱体，是炭化阶段调控泥炭基活性炭孔结构的基础。

泥炭炭化的主要温度区间为200～600 ℃，最大失重速率出现在300 ℃，增加炭化温度和时间利于形成挥发分产率V_{daf}低、石墨化度g高的炭化料；炭化料发生气体活化反应的主要温度区间为

$740\sim900\ ℃$，活化过程以消耗无序炭和微晶外围活性位点碳为主，表面官能团种类不变，含量降低；随着炭化料炭化程度的加深，活性炭的孔结构演化先后经历"跃变区"（炭化温度低于$500\ ℃$）和"平台区"（炭化温度高于$500\ ℃$），比表面积S_{BET}、总孔容V_t、中孔容V_{meso}和微孔容V_{micro}在"跃变区"发生大幅升/降变化，在"平台区"基本稳定，过高的炭化程度（炭化温度高于$550\ ℃$）会降低$2\sim5\ nm$孔容和孔容率。

（3）活化过程碳结构的烧蚀是物理活化法制备泥炭基活性炭时孔结构发育的主要调控途径。

水蒸气活化下，随着活化温度的升高，活性炭的孔结构先后经历造孔（$750\sim800\ ℃$）、扩孔（$800\sim850\ ℃$）、孔塌陷（$850\sim900\ ℃$）、炭表面烧蚀（$900\sim950\ ℃$）的演化过程；随着活化时间的增加，先后经历充分发育期（$60\sim120\ min$）、过度发育期（$120\sim150\ min$）；水蒸气通量的增加仅产生扩孔作用。$2\sim5\ nm$孔的发育规律与微孔趋于一致，有效的调孔是通过全程清除无序炭、部分消耗缺陷微晶炭、少量激活活性位点碳来实现的。

二氧化碳活化下，随着活化温度、活化时间、CO_2流量的增加，活性炭分别在$900\ ℃$、$120\ min$、$200\ mL/min$取得微孔容V_{micro}和中孔容V_{meso}的极大值。$2\sim5\ nm$孔的发育程度取决于活性炭总体孔隙结构的发育程度，且主要伴随中孔生长而增大。晶化碳的烧蚀利于活性炭孔隙的发育，非晶化碳的烧蚀则具有相反的效果。

（4）采用磷酸化学活化法制备泥炭基活性炭时，泥炭的活化反应性和活性炭的孔结构发育主要受磷酸-泥炭交联反应作用影响。

泥炭在磷酸存在下的炭化/活化过程中发生了交联反应，炭化/活化最大失重速率出现的温度从$300\ ℃$附近降低至$200\ ℃$附近，最大失重速率随磷酸浸渍比的增加而降低，低升温速率利于炭化/活化反应充分进行，高磷酸浸渍比利于微晶结构无序化。

　　磷酸浸渍比的增加促进了交联反应量的增多，活性炭的2～5 nm孔容先伴随微孔增长（浸渍比0.7～1.0），后伴随中孔增长（浸渍比1.0～1.5）；活化温度的升高促进了交联反应的增强，孔隙结构先逐渐收缩（400～550 ℃），后发生破坏（600 ℃），2～5 nm孔容递减；交联反应需大于120 min才能完成，活化时间对2～5 nm孔的发育无明显影响。

　　（5）在优化的物理活化工艺参数条件（炭化温度450 ℃，活化温度800 ℃，活化时间120 min，水蒸气通量0.5 g/(g·char·h)）下，制得泥炭基活性炭样品的2～5 nm孔容为0.129 cm³/g，2～5 nm孔容率为21.83 %，中孔率为73.94%；在优化的化学活化工艺参数条件（磷酸浸渍比1.5，活化温度400 ℃，活化时间150 min）下，制得泥炭基活性炭样品的2～5 nm孔容为0.158 cm³/g，2～5 nm孔容率为32.62 %，中孔率为51.03%，孔结构优于或接近于市售国际品牌垃圾焚烧烟道气净化用活性炭。水蒸气活化法更利于中孔发育，可作为开发泥炭基垃圾焚烧烟道气净化用活性炭的优选制备途径。

　　本书由贵州省煤化工工程协同创新中心（项目编号：黔教合协同创新字〔2014〕08号），贵州省高等学校新型锂离子电池材料研究与开发重点实验室（项目编号：黔教技〔2023〕028号），毕节市科学技术局、贵州工程应用技术学院联合项目（项目编号：毕科联合〔2023〕19号、毕科联合〔2023〕44号、毕科联合字〈贵工程〉〔2021〕1号），毕节市煤磷化工工程技术中心（项目编号：毕科合字〔2015〕01号）资助。

　　本书撰写过程中参阅了相关文献资料，在此，谨向其作者深表谢意。

　　由于笔者水平有限，书中难免存在疏漏和谬误之处，敬请同行专家批评指正。

目　　录

第1章 绪 论

1.1 引言

城市的不断发展不可避免会产生大量的城市生活垃圾，无害化、减量化和资源化处理城市生活垃圾已成为世界各国的共识。常用的垃圾处理处置方法有分类回收、卫生填埋、焚烧、堆肥等。其中，焚烧处理可对垃圾减容90%以上，减重80%以上[1-2]，所产生的热量还可用于发电、供暖等，既节约了填埋占地面积又实现了资源化利用，受到不少国家和地区的青睐。但垃圾焚烧会产生重金属、粉尘、酸性气体和二噁英等二次污染物，特别是二噁英可致癌、致畸、致突变，是令人闻之色变的"世纪之毒"[3-4]。因此，实现二噁英的减排控制，是城市生活垃圾焚烧洁净化的技术关键。

工程上主要通过强化燃烧过程的"3T"技术（temperature，time，turbulence）、在垃圾中添加含硫抑制剂、净化燃后烟气等途径实现二噁英的污染防治[5]。其中，"活性炭喷射（activated carbon injection，ACI）+布袋除尘过滤（baghouse filtration，BF）"是广泛采用的城市生活垃圾焚烧烟道气中二噁英排放末端控制的有效技术[6-8]。制备和选择孔结构及表面性质合适的活性炭产品，是该技术得以实施的前提。研究者普遍认为，具有2～5 nm的孔径峰值分布[9-10]、2～20 nm较大范围孔径分布的中孔活性炭对二噁英的吸附效果最好[7-8,11]。此外，经过表面硫化改性的活性炭，还可对二噁英进行分解[12]。

迄今，关于中孔活性炭制备研究的文献报道，主要集中于催化剂载体、双电层电容器、血液净化等方面，针对二噁英吸附的较少。市面上虽已有美国 Calgon 公司的 WP1000、日本栗田公司的 Kuricoal、荷兰 Norit 公司的 GL50、FGD 等专用于二噁英脱除的活性炭产品，但受商业保密限制，难知其制备工艺。部分国外学者热衷于研究以垃圾为原料制备二噁英吸附用活性炭的技术，实现"以废治污"[10-13]，但这种制备工艺对原料垃圾的有机质含量要求高，且原料来源不稳定，难以规模化生产。国内关于二噁英吸附用活性炭的研究起步较晚，至今仍处于探索阶段，散见的报道以对商品活性炭进行改性为主[14-16]，亦有少量以固体废弃物为原料的制备研究[17]。无论国内国外，迄今均未见以煤炭及木质两类易于实现规模化生产的大宗原料进行针对性、系统性的二噁英吸附用活性炭定向制备的公开报道。

与此同时，却是垃圾焚烧处理对烟气净化专用活性炭需求的飞速增长。2009—2018 年的 10 年间，我国城市生活垃圾焚烧处理量占清运量的比例从 12.85 % 增长至 44.67 %，达 10 184.9 万吨[18]。按每吨垃圾焚烧需要专用活性炭 0.5～1.0 kg，每吨活性炭 3 000 美元（Norit 产品价格）计[19]，我国每年对此类活性炭的需求量为 5～10 万吨，需花费上亿美元。开发国产的二噁英吸附用低成本活性炭产品，是国家发展所需和行业运行所需。

泥炭是一种廉价易得、组成性质独特的活性炭制备原料。全世界至少有 173 个国家赋存有泥炭资源，面积约为 4.0×10⁸ hm²[20]，我国有 5 719 处矿产地、46 亿吨的储量，位居世界第四[21-22]。从煤化学的角度看，泥炭是褐煤的前驱体，是未经成岩作用的不成形的"准年轻煤"，基本结构单元的芳香核环数为1～3[23]，具有难石墨化的光学各向同性结构，是制备煤基活性炭的优良原料。从林产学的角度看，泥炭的有机组分是经过了亿万年生物化学作用和地球化学作用的"年老生物质"，其H、O含量分别大于5 %和25 %[24-25]，适于化学活化制备木质活性炭。采用泥炭作为原料制备垃圾焚烧烟道气净化用活性炭，既有可能有机地融合煤基活性炭和木质活性炭的中孔调控技术，又可弥补现有煤基活性炭和木质活性炭中孔调控技术对窄孔段中孔定向调控研究的不足。

国外已有研究结果表明，可由加拿大泥炭制得平均孔径为2.97 nm、孔径分布以3.6～4.4 nm为主的中孔活性炭[26]；可由白俄罗斯泥炭制得总孔容为1.08 cm³/g、中孔容为0.49 cm³/g、中孔率为45.37 %的中孔活性炭[27]；可由马来西亚泥炭制得平均孔径为2.2 nm的活性炭[28]。这些泥炭基活性炭样品已部分具备吸附二噁英的基本孔结构要求，进一步开发优质专用活性炭产品的潜力很大。国内关于泥炭基活性炭制备的研究几近空白，虽有极少量的以泥炭复配玉米秸秆[29]或泥炭水解腐殖酸[30]为原料制备活性炭，以及泥炭经红外线防氧化型炭化[31]制备活性炭的报道，但均未对活性炭详细进行孔结构尺寸及分布的表征，还需进一步深入研究。

二噁英的剧毒性风险给采样分析和吸附研究带来了很大难度，研究人员目前主要通过工程现场采集垃圾焚烧炉烟气中的二噁英[32]、采集垃圾焚烧厂飞灰进行溶剂抽提获取二噁英[12]、搭建实验室用二噁英发生源系统自制二噁英[7, 14]、以二苯并呋喃作为二噁英模拟物进行吸附[33-34]等途径开展研究，研究手段依然存在难度大、风险高等缺陷，活性炭孔隙结构对二噁英的吸附作用机理尚不清晰。

本书拟以泥炭为原料，以吸附净化垃圾焚烧烟道气中的二噁英为应用导向，综合运用分子模拟手段，煤基活性炭和木质活性炭的研究理论、工业化制备工艺和调控方法，探究活性炭孔隙吸附二噁英的作用机制、泥炭基活性炭的制备及孔结构演化与调控机制。

1.2　垃圾焚烧烟道气净化用活性炭的研究现状

在工程应用上，采用活性炭吸附脱除垃圾焚烧烟道气中二噁英的技术主要有固定床式、移动床式和携带流式3种[7, 35]。固定床的运行时长可达20 000 h以上，但烟气对活性炭颗粒的夹带会降低二噁英的脱除效率[36]。移动床能实现活性炭的就地再生，但二噁英的去除率自动在线检测技术目前还不成熟，导致活性炭的更新时间无法有效掌握[37]。携带流式最常见的是活性炭粉末喷入+布袋除尘器联用的脱除方法，具有投资少、结构简单、脱除效率高的特点，故而被广泛采用[38]。但该法的活性炭消耗成本巨大（50～300 mg/Nm³），使得焚烧系统的总运行成本高[7]，且活性炭本身可提供碳源促成二噁英的低温催化合成，导致二噁英的排放总量增加。为避免腐蚀设备，应用活性炭净化垃圾焚烧烟道气的运行温度一般保证高于酸性气体的露点温度及吸湿盐的潮解温度（大约130 ℃）。

明确二噁英吸附用活性炭的孔结构要求，是制备和选择该类活性炭的前提。Nagano[10]运用分子轨道法估算得到二噁英分子尺寸，如图1.1所示，认为吸附二噁英的活性炭应具有显著的2～5 nm孔径分布。

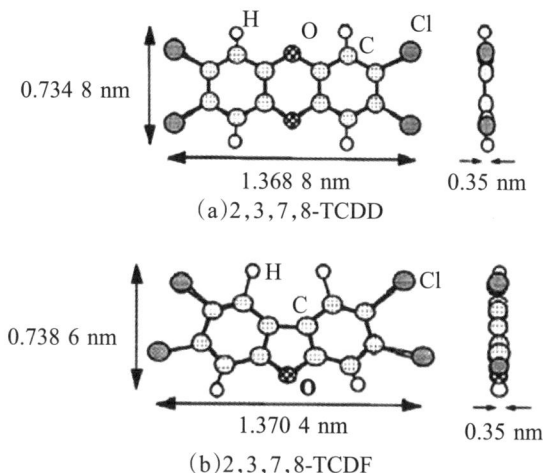

图1.1　二噁英的分子尺寸[10]

立本英机等[9]根据日本学者的研究成果，也提出适用于吸附二噁英的活性炭的平均孔径应为2～5 nm，比表面积大于500 m²/g，孔容积大于0.2 cm³/g。解立平[17]根据Nagano估算的二噁英分子尺寸，结合古可隆[39]提出的活性炭孔直径与吸附质分子直径最佳比值为1.7～3的结论，计算得到二噁英吸附用活性炭的可几孔径在2.3～4.1 nm之间最为理想。张漫雯[6]应用平均孔径为2.01 nm、孔径分布主要集中在2～5 nm的活性炭进行工程实验时取得去除率99 %、尾气排放标准低于欧盟标准的效果。马显华[7-8]应用4种典型活性炭进行二噁英的实验室吸附分离实验，Chi[11]应用4种活性炭进行二噁英的吸附中试实验，进一步得出具有2～20 nm较宽中孔孔径分布的活性炭吸附二噁英的效果更好的结论。

从Norit公司（现已并入美国Cabot公司）[40]生产的脱汞、脱二噁英用商品活性炭的孔结构来看，活性炭制造商对该类产品的研发尤其突出了2～5 nm孔的孔容比例，如表1.1所示。

表1.1　Norit公司脱汞、脱二噁英活性炭产品[40]

技术指标	产品型号	
	DARCO　FGD	DARCO　FGL
比表面积/$(m^2 \cdot g^{-1})$	600	550
微孔容/$(cm^3 \cdot g^{-1})$	0.18	0.17
2～5 nm孔容/$(cm^3 \cdot g^{-1})$	0.25	0.16
>5 nm孔容/$(cm^3 \cdot g^{-1})$	1.06	0.92
pH值	11.0	11.0
热容/$(cal \cdot g^{-1})$	0.22	0.22
着火点/℃	450	450
全硫含量/(w %)	1.8	0.6
钙含量/(w %)	4.4	0.8

　　选择廉价原料、改性商品活性炭是文献报道中常见的二噁英吸附用活性炭制备方法。Nagano[110]将城市生活垃圾制成炭化垃圾衍生固体燃料（cRDF），经HNO_3煮沸处理后进行水蒸气活化制得二噁英吸附用活性炭，中孔容V_{mes}为0.3～0.48 cm^3/g，优于商品活性炭（V_{mes}为0.26 cm^3/g）。解立平[17, 41]将木质类、纸张、塑料3种典型固体有机废弃物的热解产物进行配比制备活性炭，中孔容可达0.357 cm^3/g，相应的中孔率为45 %，中孔可几孔径分布在3～4 nm。赵西源[14-15]通过对商品木质活性炭浸渍$Fe(NO_3)_3$后进行CO_2二次活化，可制得富含2～5 nm孔的适于吸附二噁英的活性炭。姬亚[16]对垃圾焚烧烟道气净化用商品活性炭进行改性研究时发现，KOH对2～5 nm孔的发育具有很好的促进效果。Atkinson[12]对活性炭进行表面功能化处理，发现溴化、氮化、硫化均可不同程度分解二噁

英，使其总质量平衡降低到73%～96 %，其中，表面富含硫的活性炭在分解二噁英时最有效，分解率可高达27 %，并能同时用于汞吸附。

二噁英的剧毒性风险给采样分析和吸附研究带来了很大难度，研究者们目前主要通过以下途径开展工作：①用欧盟EN1948方法所使用的采样装置到工程现场采集垃圾焚烧炉烟气中的二噁英[32]；②采集垃圾焚烧厂飞灰，在实验室用溶剂抽提二噁英[12]；③搭建二噁英发生源系统，在实验室自制二噁英[7, 14]；④以二苯并呋喃作为二噁英的模拟物进行吸附研究[33, 34]；⑤购买二噁英吸附用商品活性炭，对比分析所制活性炭与商品活性炭的孔结构参数[10]；⑥总结文献资料，分析二噁英吸附用活性炭的孔结构要求，对比所制活性炭的孔结构参数[17]。

综上，垃圾焚烧烟道气净化用活性炭的工程应用成本高，活性炭制备成本有待降低。能有效吸附二噁英的活性炭，其孔结构中应富含2～5 nm孔隙，但2～5 nm孔隙吸附二噁英的作用机理尚不够明晰。以废弃物制备二噁英吸附用活性炭虽有效，但受原料供应的稳定性、原料组成复杂性等因素影响，难以实现规模化生产。对商品活性炭进行改性以调控2～5 nm孔分布的方法，增加了二次炭化和二次活化等高温工序，经济性有待商榷。

1.3 煤基活性炭及木质活性炭中孔调控技术的研究现状

Peng Y L 和 Williams J L[42]认为，中孔含量大于50 %、大孔含量不超过25 %的材料就属于中孔材料。李云峰、张维新等[43]认为，煤基中孔吸附材料是中微孔发达，并含有一定量大孔的煤制吸附材料，微孔容通常为0.40～0.60 cm³/g，中孔容为0.20～0.30 cm³/g，大孔容为0.30～0.50 cm³/g。但用途不同，对活性炭孔结构的要求也不同，中孔活性炭的定义亦难做到定量化。

由于泥炭兼具煤炭和生物质特性，煤基活性炭和木质活性炭的中孔调控技术也应在一定程度上适用于泥炭基活性炭。详细总结煤基、木质中孔活性炭的研究成果，对泥炭基垃圾焚烧烟道气净化用活性炭的制备具有指导意义和借鉴价值。

目前，常见的调控煤基活性炭和木质活性炭中孔的技术手段主要有原料预处理、添加孔调节剂、改进活化剂和活化方式等。

1.3.1　原料预处理

对原料煤进行配伍或将原料煤进行煤岩组分分离是煤基中孔活性炭制备时常见的原料预处理方法。张双全等[44-45]将无烟煤和气肥煤按 3:1 的比例配比，可制得总孔容为 0.837 6 cm³/g、中孔容为 0.395 5 cm³/g、中孔率为 47.22 % 的活性炭；将烟煤和无烟煤按 7:3 的比例配比，并加入 6 % 的添加剂（1:2 的碱式碳酸镁和硝酸铵），可制得中孔率为 30 %~45 %、中孔主要分布在 3.0~4.3 nm 的活性炭，认为以低变质程度煤为原料制备的活性炭中孔较丰富，以高变质程度煤为原料制备的活性炭微孔发达，配煤可在一定程度调控活性炭的孔结构。姚鑫[46]研究了压块工艺条件下配煤调控活性炭孔结构的量化特征，提出了过程参数和孔结构参数的加和性假设，认为非黏结性煤种复配的加和性良好，黏结性煤种的孔结构参数加和性较差。张文辉和李书荣[47-48]对烟煤和无烟煤进行煤岩组分分离，分别以镜质组和惰质组为原料制备活性炭，发现镜质组制得活性炭的中孔发达程度高于惰质组。邢宝林[49]用印尼褐煤的不同煤岩显微组分为原料，采用 KOH 活化法制备活性炭，发现惰质组制得活性炭的孔隙最发达，中孔率最高，其次是镜质组和壳质组，改变煤岩组分可调控 1.5~3.2 nm 孔隙数量。

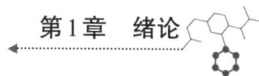

　　木质活性炭的制备一般需用化学活化剂对原料进行浸渍，在浸渍过程进行预活化是调节活性炭孔结构的常见方法。胡福昌[50]以杏核、山楂核、椰子壳、核桃壳和酸枣核为原料，在磷酸浸渍下定时搅拌润胀膨化及炭化，制得活性炭的总孔容为$1.2\sim1.7$ cm^3/g，中孔率为40 %～50 %。该法将传统的化学法浸渍和降溶解两个阶段合在一个工序，在降溶解的条件下浸渍，使得活化剂更容易渗入果壳，可实现原料表面干燥松散，避免炉内结焦，已成功应用于工业化生产。卢辛成[51]以稻秆为原料，用80 %磷酸按剂料比3∶1浸渍，140 ℃不断搅拌预活化，制得活性炭的比表面积为967.7 m^2/g，总孔容为1.12 cm^3/g，中孔率为84.8 %，平均孔径为4.6 nm，得率为25 %。

　　随着学科的交叉融合，研究者们引入了一些新型的原料预处理方法，用以调控活性炭中孔。Tzvetkov[52]借鉴粉体改性技术，运用球磨法作为活化剂K_2CO_3的添加方式，对比了溶剂浸渍法和球磨法两种活化剂添加方式对活性炭孔结构发育的影响。发现K_2CO_3存在下的球磨作用引发了木质纤维素的大量降解，所制活性炭的比表面积、微孔容、中孔容均大幅增大，大中孔率可从45 %提高到60 %。Jain[53-54]将预氧化和水热处理工艺应用到原料浸渍过程中，发现将$ZnCl_2$与椰壳质量比为2∶1的混合料置于反应釜内，在自生压力下200 ℃浸渍20 min后再进行炭化/活化，所得活性炭的中孔率可提高67 %。进一步研究还发现，原料如能在水热处理前用H_2O_2在100 ℃回流1 h预氧化，所得活性炭的中孔率还能进一步提高至100 %。认为预氧化过程和$ZnCl_2$存在下的水热处理过程增加了原料的含氧官能团数量，水热环境有助于$ZnCl_2$向原料内部扩散，均利于后续的化学活化。

综上，常规的配煤法、分离煤岩组分法简单易行，也能起到一定的调节中孔的作用，但不同原料在不同活化条件下的规律性并不一致，作用机理的研究尚待进一步深入。加热浸渍预活化方法的作用机理也欠缺系统研究。引入粉体改性和水热处理法预处理原料的方法较为新颖，效果也很明显，但经济可行性和原料普适性还需进一步佐证。

1.3.2 添加孔调节剂

孔调节剂的添加方式有两种：一种是在原料中添加，用以制备具有目标孔结构的活性炭；另一种是在商品活性炭中添加，用以改性已有孔结构。

张双全等[44, 55]以贫煤或无烟煤为原料，发现添加硝酸盐（硝酸钾、硝酸铵）能促进水蒸气与微晶碳的反应，增大活性炭的微孔孔容，促进微孔向中孔（2.5～4 nm）发育。可通过改变添加剂的浓度调变活性炭孔结构。

解强、张军、姚鑫等通过调节升温速率、炭化温度、炭化时间、活化温度、活化时间、水蒸气通量等参数，并添加一定量的Fe_3O_4（低于 10 w%），可由褐煤制得中孔率为58.1 %的活性炭[46]，由烟煤制得中孔率为76 %、平均孔径为3.83 nm的活性炭[56]，发现Fe_3O_4可同时促进微孔和中孔的发育，1.8 nm以下的微孔和3.4～4.2 nm中孔的数量增加明显，但对孔径分布影响不大[57]。

解强和宫国卓[58]在弱黏煤中添加KOH，制得中孔率为46.1 %、平均孔径为2.636 nm的活性炭，发现添加KOH可改变活性炭的孔径分布，使之从微孔为主向中孔转移。

刘植昌[59-60]向煤沥青中添加一定量的二茂铁，用物理活化法制得中孔率为44 %、中孔孔径双峰分布在3～5 nm及30～50 nm范围的活性炭。并运用穆斯堡尔能谱、XRD、SEM 等表征手段分析了 Fe 的催化活化机理，认为催化活化反应主要集中在铁微粒周围，铁微粒向沥青球内部打洞前进产生中孔，CO_2 氛围下高温短时间活化有利于提高活性炭的中孔比例。

孙媛媛[61]对比研究了磷酸加盐类辅助活化剂（$FeCl_3$、$AlCl_3$、$MnCl_2$）活化与单纯磷酸活化的效果，发现 $FeCl_3$ 的加入未明显减小活性炭的比表面积，但明显提高了中孔含量和总孔容，平均孔径由 2.96 nm 增至 3.55 nm，总孔容由 0.872 cm^3/g 增至 1.025 cm^3/g。

Shen[62-63]研究了稀土元素钇和铈对活化过程的催化作用，发现添加硝酸铈进行水蒸气活化制备木质活性炭时，可在 800 ℃之前明显提高 2～10 nm 中孔的比例。

张香兰等[64-65]将商品煤基活性炭负载复合催化剂（1% KNO_3、47 % $Fe(NO_3)_3$、52 % $Cu(NO_3)_2$）再活化，所得活性炭样品的 3.5～4 nm 中孔明显增多。并利用能谱分析（EDX）表征催化剂各组分的局部分布，以 X 射线衍射（XRD）验证组分形态，结合扫描电镜（SEM）研究了负载催化剂各组分对造孔的影响，认为催化活化是 Cu 与 C 和 Fe 与 C 之间的氧传递过程，Cu、Fe 之间存在协同作用。

孙康[66]对商品木质活性炭进行了中孔调控，将商品活性炭超声浸渍质量比为 4 % 的 $Fe(NO_3)_3$，再进行二次炭化和活化，可制得中孔容为 1.76 cm^3/g、中孔率为 90.7 %、平均孔径为 5.15 m 的活性炭。认为可利用铁盐对活性炭–水蒸气反应的较强催化作用促进微孔扩孔，通过调节铁盐添加量、活化反应温度以及水蒸气扩孔速度来调控中孔比例。

综上，添加孔调节剂的特点是以小剂量化学药剂（应小于10 %）来实现大幅度孔结构调控，普遍认为是添加剂的催化活化作用促进了中孔生成，效果十分明显。研究者们虽然对其催化活化机理进行了充分研究，但偏重调控广谱性中孔，即偏重中孔段的整体调控，细化到对中孔的某一孔段如2~5 m孔发育的作用机理研究仍然欠缺，定向调控的精准性尚待改进。

1.3.3　改进活化剂和活化方式

提高活化剂/原料比例，使活化剂数倍于原料，可制得中孔发达的活性炭。张利波[67]以烟杆为原料，用30 %磷酸按3.5∶1剂料比浸渍48 h后在750 ℃活化20 min，制得活性炭的比表面积为892 m²/g，总孔容为0.468 cm³/g，中孔率为62.85 %，得率为36.90 %。王玉新[68-69]以毛竹为原料，用80 %磷酸按剂料比4∶1于80 ℃浸渍，可制得总孔容为1.63 cm³/g、中孔容为0.67 cm³/g、中孔率为41 %的活性炭。张传祥[70]以无烟煤为原料，于800 ℃炭化/活化制得比表面积为3 059 m²/g、总孔容为1.66 cm³/g、中孔率为63 %的活性炭；邢宝林[71]以褐煤为原料，于580 ℃中低温炭化/活化制得比表面积为1 598 m²/g、总孔容为0.828 cm³/g、中孔率为41.4 %的活性炭，二者均采用KOH活化，剂料比高达4∶1，所得活性炭主要用于电容器，非吸附材料。不过也有一些国外学者采用了类似工艺制得吸附用活性炭，如Virla L D[72]将石油焦和NaOH、KOH按质量比1∶3混合制得活性炭，用于吸附超重质油沥青烯；Lladó J[73]以无烟煤和褐煤为原料，按化学药剂(NaOH、KOH)与原煤质量比为3∶1或1∶1制得活性炭，用于吸附制药工业污染物(醋酸酚、苯酚、水杨酸)。

以中孔调控为目的开发新型活化剂，也是研究活性炭定向制备的一种有效途径。孙媛媛[61]以芦竹为原料，引入了新型活化剂焦磷酸，在焦磷酸/芦竹浸渍质量比为0.75∶1，浸渍时间为10 h，炭化/活化温度在 500 ℃ 的条件下，制得活性炭的比表面积为 1 443.4 m^2/g，总孔容为 1.333 cm^3/g，大中孔率为 72.4 %，平均孔径为 3.69 nm；作为对比，在其他工艺参数相同的情况下，磷酸活化法所制活性炭的比表面积为 1 181 m^2/g，总孔容为 0.872 cm^3/g，大中孔率为 70 %，平均孔径为 2.96 nm，由此证明焦磷酸活化有利于中孔的形成。Gao Y[74]以浒苔为原料，以多磷酸铵为新型活化剂，制得中孔发达(中孔率大于60 %)、收率高(最大71 %)、平均孔径为 3～7 nm 的活性炭，发现多磷酸铵在较低温度时(600 ℃左右)促进了中孔发育，所得活性炭对酸性大红的吸附能力高达416.7 mg/g。

有机组合已有的活化方式，改善单一活化方式的不足，也在活性炭的中孔调控研究中受到广泛关注。

Li W[75]在煤的炭化终温下引入 CO_2 预活化一段时间后，再升温进行水蒸气活化。与未预活化工艺相比，制得活性炭的总孔容、微孔容和中孔容均大幅增大，中孔率从 49.47 % 提高到 64.31 %。

孙康[66]以果壳为原料，先采用物理活化法，于 820 ℃ 用 60 mL/min 水蒸气活化 120 min 制得初级活性炭，再用 50 % 磷酸按剂料比 3∶1 浸渍初级炭，随之于 800 ℃ 再活化 60 min，制得活性炭的比表面积为 1 608 m^2/g，总孔容为 1.17 cm^3/g，中孔率为 61 %。该法结合了物理活化与化学活化，将水蒸气活化法所得微孔活性炭经磷酸再活化调孔，既能提高中孔的发达程度，还能保留一定量的微孔。

Budinova T[76]以桦木为原料，对比了 3 种活化方法：①将磷酸浸渍料置于惰性气体中 600 ℃ 炭化/活化；②将磷酸浸渍料置于惰性气体和水蒸气中 600 ℃ 炭化/活化；③将磷酸浸渍料直接置于水蒸气中 700 ℃ 炭化/活化，不加惰气保护。发现第三种活化方式的孔结构发育最好，所得活性炭的比表面积、总孔容、中孔容均较大，碘吸附值达 1 280 mg/g，比表面积为 1 360 m²/g。

Virla[72]以石油焦为原料，对比研究了 3 种联合水蒸气、钾、钠调控中孔的活化工艺：①将加药混合料升温至 1 073 K 即引入水蒸气活化 30～120 min；②将加药混合料在 1 073 K 化学活化 120 min 后再引入水蒸气活化 30～120 min，活化温度为 973 K 或 1 073 K；③将加药混合料在 1 073 K 活化后酸洗，再进行水蒸气活化 30～120 min，活化温度为 973 K 或 1 073 K。发现钠与水蒸气联合活化的效果较好，第二种活化工艺可制得中孔容为 0.39 cm³/g、产率为 27 % 的活性炭；第三种活化工艺也可制得相同中孔率的活性炭，且产率翻倍。

Hu Z[77-78]联用了 $ZnCl_2$ 活化与 CO_2 活化，将浸渍了 $ZnCl_2$ 的木质纤维素原料在 N_2 保护下升温至 800 ℃，然后将 N_2 切换为 CO_2 活化 2 h，所得活性炭的中孔率可达 71 %，以棕榈籽为原料时甚至可高达 94 %。Jain[53-54]对原料进行水热预处理后，也采用了相同的组合活化法制得中孔发达的活性炭。

陈虹霖[79]以开心果壳为原料，对比了 $ZnCl_2$ 活化法、KCl 活化法、$ZnCl_2$-KCl-H_2O 联合活化法对活性炭孔结构发育的影响。发现采用 $ZnCl_2$-KCl-H_2O 联合活化法，以 40 % 的 $ZnCl_2$ 和 6 % 的 KCl 浸渍原料后于 900 ℃水蒸气活化 1.5 h，可提高活性炭中孔比例，孔径分布集中在 4 nm。

综上，采用化学活化法，使用高剂量活化剂虽能提高活性炭中孔比例，但药剂用量大、成本高，难免会加重设备腐蚀。使用新型活化剂和组合活化方式也能显著调节活性炭的孔结构发育，有效促进中孔生成，但目前的研究多偏重以活性炭的孔分布或对某种物质的吸附能力来进行结果性描述，对炭化/活化过程中活化剂或活化方式的过程性作用机制的研究欠深入。

1.4 以泥炭为主料制备活性炭的研究现状

Cavalier J C[80]早在1978年就已使用金属溶液浸渍水藓泥炭进行了500～800 ℃炭化和活化实验，发现540 ℃较温和的热解温度下制得炭料中金属 Pt 的晶粒尺寸小于1 nm，分散性较好。Luk' Yanova[81]于1984年研究了泥炭的植物组成、化学组成和变质程度对氯化锌法制备活性炭的影响，建立了含氧官能团数量与微孔孔容之间关系的回归方程。Nutalai[82]也于1989年发布了实验室制备泥炭基活性炭的报道。近年来，国内外关于以泥炭为主料制备活性炭的研究一直在持续，文献可查的制备方法主要有物理活化法和化学活化法。

1.4.1 物理活化法

Veksha[27]研究了温度和钙含量对CO_2活化法制备泥炭基活性炭的影响。通过酸洗，将收到基泥炭的钙含量从5.5 %减少到0.21 %后，对比收到基泥炭和酸洗泥炭制得的活性炭，发现收到基泥炭较酸洗泥炭制得的活性炭拥有更多中孔。通过向酸洗泥炭中添加$CaCO_3$，使其与收到基泥炭含钙量一致，对比二者在CO_2氛围下的TG曲线，发现显示了几乎相同的热重行为。由此认为催化活化行为主要取决于泥炭中的钙化合物，钙化合物在高温时强化了扩孔作用。将收到基泥炭于750 ℃炭化1 h、750 ℃经CO_2活化2 h，可制得总孔容为1.08 cm^3/g、中孔容为0.49 cm^3/g、中孔率为45.37 %的中孔活性炭。

Claudino[83]以巴西泥炭为原料，于800 ℃炭化30 min后再经水蒸气活化45 min，可制得微孔率为76.8 %、中孔率为19.4 %、大孔率为3.8 %、平均孔径为2.04 nm的活性炭。与Norit商品活性炭进行 NO 吸附对比，发现制得的活性炭更适用于低温下的 NO 吸附。

Papanicolaou[84]从希腊不同区域选取了 28 种泥炭、类泥炭褐煤、烟煤为原料，置于反应器中于 110 ℃氮气流下（150 mL/min）保持 30 min，以干燥和脱除空气，分别于 400 ℃炭化 2 h、700 ℃经 CO_2 活化 2 h 制备活性炭。发现在相同的活化条件下，活性炭的比表面积与灰分成反比，与碳含量成正比，以丝质体含量大于 45 %的原料制得的活性炭具有更大的比表面积和更强的吸附能力。

Uraki Y[85]以印度泥炭为原料，经 3 ℃/min 升温至 900 ℃炭化 1 h 后，再用 2 L/min 经 150 ℃加热成过热蒸汽的去离子水活化 40 min，制得活性炭的比表面积为 900 m^2/g，碘吸附值为 1 000 mg/g。

Ogawa[86]采用水蒸气活化法，且活化温度为 1 000 ℃时，发现相同条件下泥炭制得活性炭的比表面积为 880 m^2/g，优于木质原料（749 m^2/g），用于水体中 COD 吸附的效果良好。

Khadiran[28]采用物理活化法，将泥炭于 800 ℃炭化 7 h 后，再于 500 ℃常压活化，制得平均孔径为 2.2 nm 的活性炭，用作形状稳定相变材料的支撑框架。

柳丽芬、杨桂秋[30]以碱水解桦川泥炭所得泥炭腐殖酸为前驱体，采用水蒸气活化法制备活性炭，发现较高水解温度所得前驱体制得活性炭的孔结构发育更好。在活化升温速率为 20 ℃/min、活化温度为 850 ℃、活化时间为 15 min 的条件下制得活性炭的碘吸附值达 725 mg/g。

王德福[31]以泥炭为原料，经造粒、干燥、磁选脱除重金属后进行红外线防氧化炭化和纯净水水蒸气活化。炭化温度为 200～295 ℃，炭化时间为 20～29 min；活化温度为 400～780 ℃，活化时间为 100～300 min，经分级细化后可得亚纳米级或纳米级活性炭。配以合理的模板造粒工艺，可制备不同规格和性能的活性炭。

此外，以泥炭为原料，仅通过热解来制备吸附性生物质焦的相关研究，近年也常见诸报道[87-88]。

1.4.2 化学活化法

Donald[26]以加拿大泥炭为原料、$ZnCl_2$ 或 H_3PO_4 为活化剂，于 450 ℃炭化/活化 45 min，制得比表面积为 900 m^2/g、总孔容为 0.5 cm^3/g 的活性炭。发现采用磷酸活化法制得的活性炭，无论泥炭原料是否脱灰，均在 3.6～4.4 nm 孔径范围有一个尖锐的峰值分布；氯化锌活化法制得的活性炭在 3～4 nm 孔径范围峰值较弱，但在微孔范围(小于 2 nm)具有较强的吸附能力。认为磷酸是通过形成磷酸盐酯的交联结构影响活性炭孔结构发育，这种磷酸盐酯的交联键在 450～500 ℃达到其热稳定性的极限，温度过高会导致交联键的收缩，减少孔结构生成。

Donald[89]还将上述磷酸活化法制得的活性炭，通过湿法浸渍 Ni 或 Fe，制得两种新型的活性炭载体催化剂 Fe/AC 和 Ni/AC，用于催化分解氨时显示出高活性。其中 Fe/AC 的催化分解率高达 90 %，优于以商品活性炭为载体的 Fe 催化剂，且抗失活能力强，反应时间增加到 10 h 时仍未显示失活迹象。

Khadiran[90]以马来西亚热带泥炭为原料，分别以磷酸和氯化锌为活化剂在 500 ℃炭化/活化 3 h 制备活性炭。发现使用 30 %磷酸活化制得活性炭具有较大比表面积和总孔容，分别为 1 975 m^2/g 和 1.41 cm^3/g，平均孔径为 3.2 nm。使用氯化锌活化制得活性炭的比表面积和总孔容均较小，分别为 794 m^2/g 和 0.11 cm^3/g。使用 X 射线衍射和拉曼光谱表征活性炭的微晶发育时，发现由磷酸活化制得的活性炭较氯化锌活化制得的活性炭具有更好的结晶性能。

Veksha[91]分别以原料泥炭经 Na_2CO_3 活化和酸洗泥炭经 CO_2 活

化制得两种泥炭基活性炭，前者是微孔型，后者兼具微孔和中孔。发现将它们用于干燥空气和相对湿度为RH70%的湿润空气中低浓度(0.0005%)苯的吸附时，其吸附能力取决于窄微孔(孔径小于0.7 nm)的发达程度；经热处理脱除大部分表面官能团后可提高吸附效果。

侯国华[29]以泥炭为主料复配玉米秸秆，经NaOH溶液煮沸脱灰后，用KOH活化制备粉末活性炭。通过正交试验确定最佳工艺条件为：泥炭/秸秆质量比2∶1，KOH/脱灰原料质量比1∶3，活化温度700 ℃，活化时间1 h。所得活性炭的亚甲蓝吸附容量为89.82 mg/g。

综上，采用物理活化法和化学活化法均可制得用途不同的优质泥炭基活性炭，也可能富含中孔。已有研究者从活化剂、内在矿物质等角度探究了泥炭基活性炭的炭化/活化机理，但对添加调孔剂、原料配伍、组合活化方式等中孔调控方法的研究还未见报道，孔结构演化的规律和作用机制还不够清晰。

1.5　活性炭孔结构模拟的研究现状

科学计算已成为并列于理论科学和实验科学的第三种认知方法[92]，分子模拟技术也引入活性炭的开发研究中，在特殊吸附剂的理论设计、吸附性能预测和表面基团改性等方面得以应用[93]。虽然受原料来源、活化设备和工艺参数等影响，活性炭孔隙的成因、起源和形状等都会千差万别，所形成的孔隙结构也十分复杂，同时还会受到杂质和官能团等的影响，很难将其真实情况准确地模型化，用分子模拟技术研究活性炭的孔隙结构存在一定的局限性和较大难度。但分子模拟技术也有其独特的优势，尤其在特殊条件和危险工况下可通过计算预测、建模分析等减少实验工作量、缩短研发周期，这对开发剧毒物质吸附用活性炭(如二噁英吸附用活性炭)是十分有益的。

目前，研究者已构建的活性炭孔结构模型主要有狭缝孔结构模型、纳米管孔结构模型、血小板孔结构模型和虚拟炭孔结构模型等。

活性炭的狭缝孔结构模型最早由 Emmett[94-95]提出，主要通过 $C_{25}H_9$、$C_{18}H_8$ 等描述的石墨片层[96]或无限平板[97-98]作为孔壁来构成狭缝，如图 1.2 所示。常见于模拟计算甲烷[98]、甲醛[99]等气体的吸附分离研究，可考察不同孔宽对吸附性能的影响。但狭缝孔结构模型过于简单，对活性炭的模拟能力十分有限，研究者在模型修正方面因此也做了大量工作，如引入羟基、羰基、羧基[99-101]等官能团，制造晶格畸变[102]等。

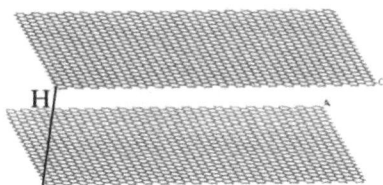

图 1.2 活性炭的狭缝孔结构模型[99]

活性炭的纳米管孔结构模型与狭缝孔结构模型类似，仅将活性炭的孔结构视为单一化的规则圆管，如图 1.3 所示，常见于 CO_2 的吸附分离研究[103]。

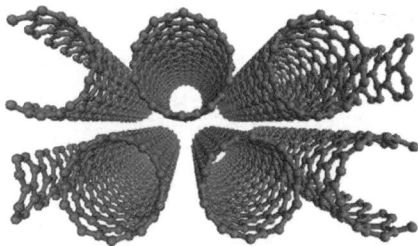

图 1.3 活性炭的纳米管孔结构模型[103]

活性炭的血小板孔结构模型如图1.4所示，最早由Segarra等[104]提出，即以相同厚度和宽度的血小板状炭块随机放置于虚拟晶格中，炭块之间形成孔隙。相比于狭缝孔结构模型和纳米管孔结构模型，血小板孔结构模型引入了更多的孔结构几何形态，但由于填充炭块的大小一致，仍无法表现活性炭的类石墨微晶层在排列上的多样性。

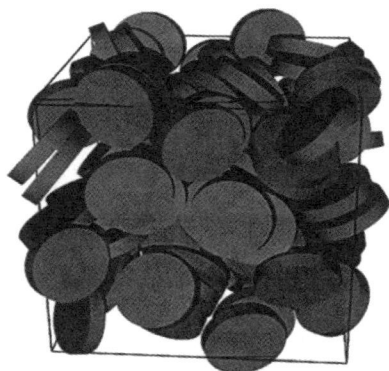

图1.4　活性炭的血小板孔结构模型[105]

活性炭的虚拟炭孔结构模型是将六苯并苯、六苯并蒄和碗烯等分子当作基元[106]放入有限空间内，基元分子间便会产生楔形孔隙，可看作近似的活性炭内部孔结构，如图1.5所示，通过改变基元数目和基元的取代基，可以模拟不同活性炭的孔结构和表面官能团[93]，因而受到广泛关注[107−110]，已应用于甲烷[110]、甲苯[109]等的吸附分离研究。但活性炭的孔隙结构除了楔形孔外，还存在圆形孔或圆形孔的变形孔，虚拟炭孔结构模型在活性炭孔结构模拟的近似度上仍有欠缺。

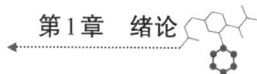

图1.5 活性炭的虚拟炭孔结构模型[107]

Materials Studio 是目前普遍用于进行活性炭模拟的一种软件，其 Sorption 计算模块可研究吸附等温线、结合能及分子选择性等，模块所使用的巨正则系综蒙特卡洛模拟方法（grand canonical Monte Carlo，GCMC）是一种基于统计热力学的模拟方法，基本思路是建立一个能够代表真实体系的概率模型来计算所求问题的统计近似解。系综又称为统计系综，是指在一定宏观条件下，大量性质和结构完全相同的、处于各种运动状态的、各自独立的系统的集合，具有确定粒子数（N）、体积（V）、温度（T）的称为正则系综（canonical ensemble，NVT）；具有确定粒子数（N）、体积（V）、总能量（E）的称为微正则系综（micro-canonical ensemble，NVE）；具有确定的粒子体积（V）、温度（T）和化学势（μ）的称为巨正则系综（grand canonical ensemble，VTμ）[93]。

经文献调研，发现以下几点问题。

（1）垃圾焚烧烟道气净化用活性炭应具有 2~5 nm 发达孔隙，但 2~5 nm 孔隙吸附二噁英的机理尚不够清晰。其定向制备研究滞后于行业发展需求，常见的以废弃物为原料，或改性商品活性炭制备二噁英吸附用活性炭的工艺，生产规模化和经济可行性难以保障。直接以煤炭和木质两类大宗原料定向制备二噁英吸附用活性炭的研究还未见公开报道。

（2）制备煤基活性炭和木质活性炭的中孔调控技术大多是广谱性调控中孔生成，精细化定向调控某一窄孔段的研究还不足。一些新型的活化剂、活化方式、原料预处理技术虽能有效促进活性炭的中孔发育，但炭化/活化过程的作用机理还不够明晰或有待进一步佐证。

（3）泥炭廉价易得，兼具煤炭和生物质特性，使用常规的煤基活性炭和木质活性炭制备方法均可得到用途不同的优质活性炭，但缺乏中孔调控作用机理方面的深入研究。

（4）活性炭对二噁英的吸附研究存在取样难度大、实验过程烦琐、二噁英剧毒风险不可避免等难题，计算机建模活性炭孔结构仍需改进。

解决以上问题的有效途径是选择能同时适用煤基活性炭及木质活性炭中孔调控技术的泥炭为原料，合理构建活性炭孔结构模型分析2～5 nm孔径吸附二噁英的作用机理，系统研究工业化生产活性炭常用的中孔调控技术对泥炭基活性炭制备的炭化和孔结构演化两个关键过程的作用机制，探究2～5 nm孔发育的影响因素及作用规律，定向制备优质的垃圾焚烧烟道气净化用活性炭。

1.6　研究目标、技术路线、内容及方案

1.6.1　研究目标

（1）揭示孔隙尺度影响活性炭对二噁英吸附容量的规律，厘清吸附作用机理。

（2）掌握泥炭炭化/活化的反应特性，揭示炭化料–活性炭组成、结构的演变规律，阐明泥炭基活性炭孔结构发育的作用机制。

（3）阐释泥炭基活性炭2～5 nm孔的发育规律、调控路径。

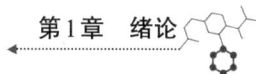

1.6.2 技术路线

本书研究的技术路线如图1.6所示。基本思路是构建不同孔结构的活性炭模型，阐明孔结构对二噁英吸附的影响，将工业生产煤基活性炭和木质活性炭主要采用的物理活化法和化学活化法中孔调控技术应用于泥炭基活性炭的制备，考察各调控技术对泥炭的炭化和活性炭孔结构的演化两个关键过程的作用机制，在此基础上掌握2～5 nm孔的发育规律和调控途径，制备2～5 nm孔隙发达的泥炭基活性炭。

1.6.3 研究内容及方案

（1）研究活性炭2～5 nm孔径吸附二噁英的作用机理，适于吸附二噁英的活性炭孔结构特征。

构建活性炭狭缝孔结构模型和二噁英吸附用活性炭近似孔结构模型，计算典型有毒二噁英异构体分子(TCDD)与狭缝孔壁间的作用势，模拟TCDD分子在活性炭孔结构模型中的扩散、吸附过程，分析活性炭孔结构对二噁英吸附的作用和影响，指导定向制备泥炭基垃圾焚烧烟道气净化用活性炭。

（2）研究泥炭原料的深度分析表征。

采制泥炭样品，运用多种表征手段完成工业分析、元素分析、无机矿物质成分分析、植物有机组成分析、表面官能团测定等深度评价。

（3）研究泥炭的炭化和气体活化反应性，炭化料经物理活化形成活性炭过程中组成、结构的演变特征及对活性炭孔结构、吸附性能的影响。

对空气干燥泥炭样品进行N_2氛围的热重分析，控制炭化参数

调控方法	基本思路	评价指标及表征手段

| 狭缝孔结构
近似孔结构 | 活性炭吸附二噁英模拟研究 | 吸附作用势
吸附等温线
能量分布
扩散系数
亨利常数
吸附位分布 | Materials Studio |

| 升温速率
炭化温度
炭化时间
磷酸浸渍比 | 炭化过程控制研究 | 炭化得率
炭化料组成
微晶结构
表面化学
微观形貌 | N_2-TGA
XRD
FTIR
SEM
工业分析 |

| 活化温度
活化时间
水蒸气通量
CO_2流量
磷酸添加量 | 孔结构演化行为研究 | 烧失率
活化产率
吸附性能
孔结构
碳结构
表面化学
微观形貌 | CO_2-TGA
N_2吸脱附
Raman
FTIR
SEM
碘吸附值
亚甲蓝吸附值
焦糖脱色率 |

| | 2~5 nm孔发达活性炭制备 | |

| 规律研究 | | 机理分析 |

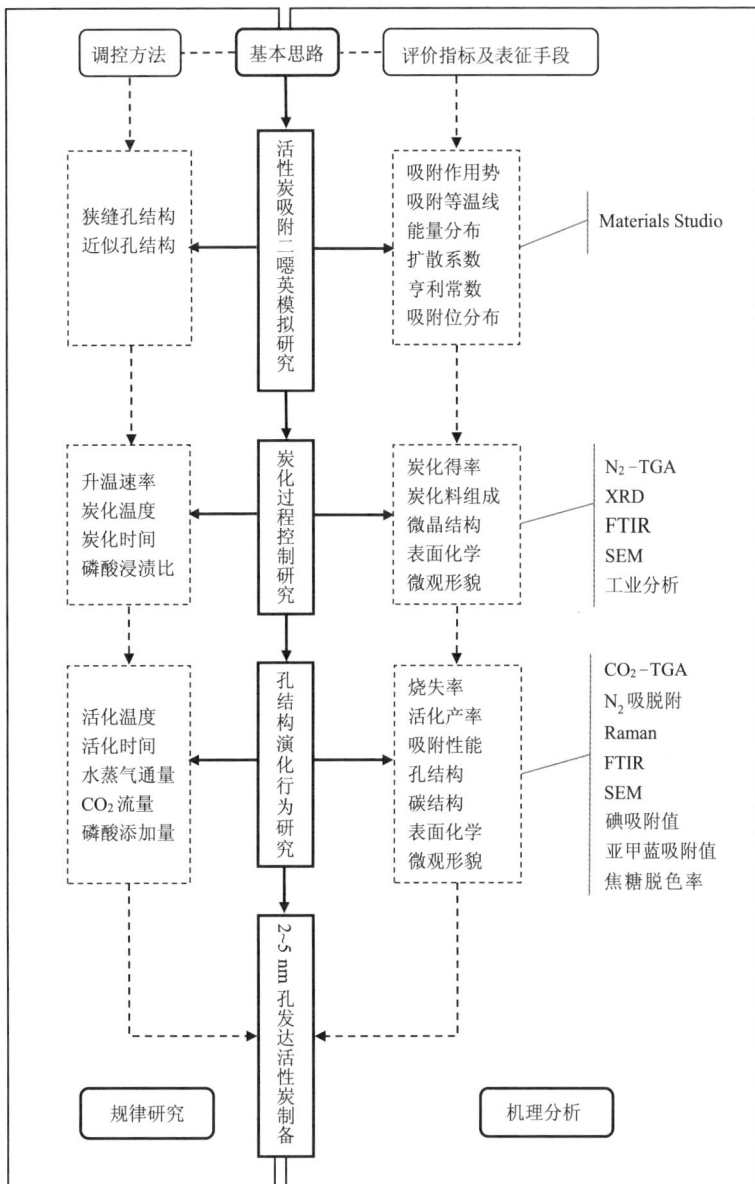

图1.6　技术路线

(升温速率、炭化温度、炭化时间)制备炭化料；对炭化料进行 CO_2 氛围的热重分析，选择不同炭化程度的炭化料经物理活化制备活性炭；测定炭化料的工业分析指标和活性炭的碘吸附值、亚甲蓝吸附值、焦糖脱色率，表征活性炭的孔结构，以及炭化料和活性炭的碳结构、表面化学、微观形貌，分析炭化料的炭化程度对活性炭孔结构发育的影响，明晰炭化料-活性炭的碳结构、表面化学、微观形貌的区别和联系。

（4）研究物理活化制备泥炭基活性炭的孔结构演化规律和作用机制，2～5 nm孔的调控途径。

以泥炭为原料，分别采用水蒸气活化法和二氧化碳活化法，控制活化参数(活化温度、活化时间、活化剂量) 制备活性炭，测定活性炭的碘吸附值、亚甲蓝吸附值、焦糖脱色率，表征活性炭的孔结构、碳结构、表面化学和微观形貌，探讨物理活化工艺参数对活性炭吸附性能、孔结构、碳结构、表面化学、微观形貌等的影响规律及互相之间的关系，分析2～5 nm孔的发育特征。优化物理活化工艺条件制备2～5 nm孔隙发达的活性炭。

（5）研究磷酸在泥炭炭化/活化过程中的作用机理，磷酸活化制备泥炭基活性炭的孔结构演化规律和2～5 nm孔的调控途径。

对浸渍磷酸泥炭料进行 N_2 氛围的热重分析，调节磷酸浸渍比炭化/活化制备炭化料，控制活化参数(活化剂量、活化温度、活化时间)制备活性炭，测定炭化料的工业分析指标和活性炭的碘吸附值、亚甲蓝吸附值、焦糖脱色率，表征活性炭的孔结构以及炭化料、活性炭的碳结构、表面化学和微观形貌，分析磷酸对泥炭的炭化/活化反应性和对炭化料、活性炭的组成、结构的影响规律，以及2～5 nm孔的发育特征，优化磷酸化学活化工艺条件制备2～5 nm孔隙发达的活性炭。

1.7　本章小结

（1）本章详细论述了垃圾焚烧烟道气净化用活性炭的研究现状、活性炭中孔调控技术的研究现状、泥炭基活性炭制备的研究现状，以及活性炭孔结构模拟的研究现状。

（2）本章分析了活性炭中孔调控和垃圾焚烧烟道气净化用活性炭制备研究的不足，制定了本书研究的目标、技术路线以及研究内容与方案。

参考文献

[1]　刘红梅. 城市生活垃圾焚烧厂周围环境介质中二噁英分布规律及健康风险评估研究[D]. 杭州：浙江大学，2013.

[2]　徐梦侠. 城市生活垃圾焚烧厂二噁英排放的环境影响研究[D]. 杭州：浙江大学，2009.

[3]　徐旭，严建华，池涌，等. 二噁英的理化特性及其分析方法[J]. 能源工程，2003（6）：24-28.

[4]　杨永滨，郑明辉，刘征涛. 二噁英类毒理学研究新进展[J]. 生态毒理学报，2006，1（2）：105-115.

[5]　BUEKENS A，HUANG H. Comparative evaluation of techniques for controlling the formation and emission of chlorinated dioxinsrfurans in municipal waste incineration[J]. Journal of Hazardous Materials，1998，62（1）：1-33.

[6]　张漫雯，冯桂贤，黄蓉，等. 国产活性炭喷射去除大型城市生活垃圾焚烧发电厂烟气中的二噁英[J]. 环境工程学报，2015，9（11）：5531-5536.

[7]　马显华. 活性炭吸附垃圾焚烧二噁英影响因素实验研究[D]. 杭州：浙江大学，2013.

[8] 马显华,李晓东. 典型种类活性炭吸附二噁英影响因素实验研究[J]. 能源工程,2013(3):50-54.

[9] 立本英机,安部郁夫. 活性炭的应用技术:其维持管理及存在问题[M]. 高尚愚,译. 南京:东南大学出版社,2002.

[10] NAGANO S, TAMON H, ADZUMI T, et al. Activated carbon from municipal waste[J]. Carbon,2000,38(6):915-920.

[11] CHI K H, CHANG S H, HUANG C H, et al. Partitioning and removal of dioxin-like congeners in flue gases treated with activated carbon adsorption[J]. Chemosphere, 2006, 64(9): 1489-1498.

[12] ATKINSON J D, HUNG P C, ZHANG Z, et al. Adsorption and destruction of PCDD/Fs using surface-functionalized activated carbons[J]. Chemosphere,2015,118:136-142.

[13] HAJIZADEH Y, ONWUDILI J A, WILLIAMS P T. Removal potential of toxic 2378-substituted PCDD/F from incinerator flue gases by waste-derived activated carbons[J]. Waste Management,2011,31(6):1194-1201.

[14] 赵西源. 适于吸附二噁英中孔活性炭的改性研究[D]. 杭州:浙江大学,2015.

[15] 赵西源,李晓东,周旭健,等. 适于吸附二噁英的中孔活性炭的改性[J]. 浙江大学学报(工学版),2015,49(10):1842-1848.

[16] 姬亚. 活性炭联合布袋脱除烟气中二噁英的机理研究[D]. 杭州:浙江大学,2012.

[17] 解立平. 城市固体有机废弃物制备活性炭的研究[D]. 北京:中国科学院研究生院(过程工程研究所),2003.

[18] 中华人民共和国国家统计局. 年度数据—资源和环境—城市生

活垃圾清运和处理情况 [EB/OL].[2020-08-07]. http://data. stats.gov.cn/easyquery.htm?cn=C01.

[19] 耿静,吕永龙,贺桂珍,等. 垃圾焚烧发电厂二噁英控制方案的技术经济分析[J]. 环境污染与防治,2012,34(1):75-80.

[20] 王铭,刘子刚,马学慧,等. 世界泥炭分布规律[J]. 湿地科学,2013,11(3):339-346.

[21] 孟宪民. 我国泥炭资源的储量、特征与保护利用对策[J]. 自然资源学报,2006,21(4):567-574.

[22] 邓锋,解强,梁鼎成,等. 贵州毕节泥炭热解及热解固体产物研究[J]. 中国矿业大学学报,2019,48(06):1358-1365.

[23] 张秋民,袁庆春,胡浩权,等. 东北两种泥炭超临界萃取物结构研究[J]. 燃料化学学报,1992,20(2):43-49.

[24] 张双全. 煤化学[M]. 4版. 徐州:中国矿业大学出版社,2015.

[25] 张则有. 泥炭资源开发与利用[M]. 长春:吉林科学技术出版社,1992.

[26] DONALD J, OHTSUKA Y, XU C C. Effects of activation agents and intrinsic minerals on pore development in activated carbons derived from a Canadian peat[J]. Materials Letters, 2011,65(4):744-747.

[27] VEKSHA A, SASAOKA E, UDDIN M A. The effects of temperature on the activation of peat char in the presence of high calcium content[J]. Journal of Analytical and Applied Pyrolysis,2008,83(1):131-136.

[28] KHADIRAN T, HUSSEIN M Z, ZAINAL Z, et al. Activated carbon derived from peat soil as a framework for the preparation of shape-stabilized phase change material[J]. Energy, 2015,82(15):468-478.

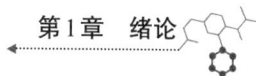

[29] 侯国华, 罗明汉, 范志云. 泥炭复配玉米秸秆活性炭的制备及其吸附性能[J]. 环境工程, 2015(S1):282-287.

[30] 柳丽芬, 杨桂秋. 泥炭腐殖酸制活性炭的研究[J]. 煤炭分析及利用, 1995(04):33-35.

[31] 王德福. 一种有机活性炭及其制备方法:中国, 200810135344.8 [P]. 2009-01-14.

[32] 张刚. 城市固体废物焚烧过程二噁英与重金属排放特征及控制技术研究[D]. 广州:华南理工大学, 2013.

[33] 潘雪君. 活性炭粉末脱除二噁英的研究[D]. 宁波:宁波大学, 2012.

[34] 李湘, 李忠, 罗灵爱. 活性炭吸附二苯并呋喃的动力学[J]. 环境科学学报, 2006, 26(10):1695-1700.

[35] 徐旭. 燃烧过程中二噁英的生成及排放特性的研究[D]. 杭州:浙江大学, 2002.

[36] MORI K, MATSUI H, YAMAGUCHI N, et al. Multi-component behavior of fixed-bed adsorption of dioxins by activated carbon fiber[J]. Chemosphere, 2005, 61(7):941-946.

[37] EVERAERT K, BAEYENS J. Removal of PCDD/F from flue gases in fixed or moving bed adsorbers[J]. Waste Management, 2004, 24(1):37-42.

[38] JIAN-HUA Y, ZHENG P, LU S. Removal of PCDDs/Fs from municipal solid waste incineration by entrained-flow adsorption technology[J]. Journal of Zhejiang University-SCIENCE A, 2006, 7(11):1896-1903.

[39] 古可隆. 活性炭的应用(一)[J]. 林产化工通讯, 1999, 33(04):37-40.

[40] CABOT. Flue gas treatment[EB/OL]. (2016-12-10)[2020-02-10]. http://www.cabotcorp.com/.

[41] 解立平,林伟刚,杨学民. 城市固体有机废弃物制备中孔活性炭[J]. 过程工程学报,2002,2(05):465-469.

[42] PENG Y L, WILLIAMS J L. Method of making mesoporous carbon using pore formers:2000,2,15.

[43] 李云峰,张维新,赵红阳,等. 煤基中孔吸附材料的研制及其吸附性能的研究[J]. 林产化工通讯,1997(02):11-13.

[44] 张双全,罗雪岭,樊亚娟,等. 用复合添加剂调变活性炭孔隙制备中孔活性炭[J]. 中国矿业大学学报,2007,36(04):463-466.

[45] 吴超,张双全,王楠,等. 配煤法制备煤基中孔活性炭的试验研究[J]. 炭素技术,2016,35(04):35-37.

[46] 姚鑫. 压块工艺条件下煤基颗粒活性炭的孔结构调控研究[D]. 北京:中国矿业大学(北京),2015.

[47] 张文辉,李书荣,王岭. 金属化合物对煤岩显微组分所制活性炭吸附性能的影响[J]. 新型炭材料,2005,20(1):63-66.

[48] 张文辉,李书荣,陈鹏. 大同烟煤镜质组、惰质组制备活性炭的试验研究[J]. 煤炭学报,2000,25(3):299-302.

[49] 邢宝林,郭晖,谌伦建,等. 煤岩显微组分对活性炭孔结构及电化学性能的影响[J]. 煤炭学报,2014,39(11):2328-2334.

[50] 胡福昌,潘美形,陈顺伟. 中孔高性能粒状活性炭的研制[J]. 林产化学与工业,2002,22(2):7-11.

[51] 卢辛成,蒋剑春,孙康,等. 磷酸活化稻秆制备中孔活性炭的研究[J]. 林产化学与工业,2013,33(4):43-47.

[52] TZVETKOV G, MIHAYLOVA S, STOITCHKOVA K, et al. Mechanochemical and chemical activation of lignocellulosic

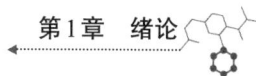

material to prepare powdered activated carbons for adsorption applications[J]. Powder Technology,2016,299:41-50.

[53] JAIN A, BALASUBRAMANIAN R, SRINIVASAN M P. Production of high surface area mesoporous activated carbons from waste biomass using hydrogen peroxide-mediated hydrothermal treatment for adsorption applications[J]. Chemical Engineering Journal,2015,273:622-629.

[54] JAIN A, JAYARAMAN S, BALASUBRAMANIAN R, et al. Hydrothermal pre-treatment for mesoporous carbon synthesis: enhancement of chemical activation[J]. J. Mater. Chem. A, 2014,2(2):520-528.

[55] 冀有俊,张双全,罗朋,等. 添加剂作用下煤基中孔活性炭的制备[J]. 煤炭转化,2011,34(3):79-82.

[56] 邢雯雯,周铁桥,张军,等. 煤基磁性活性炭的制备[J]. 北京科技大学学报,2009,31(1):83-87.

[57] 张军. 煤基活性炭赋磁调孔机理的研究[D]. 北京:中国矿业大学(北京),2010.

[58] 宫国卓,解强,郑艳峰,等. 煤基活性炭孔径分布的调控[J]. 新型炭材料,2009,24(02):141-146.

[59] 刘植昌,凌立成,吕春祥,等. 铁催化活化制备沥青基球状活性炭中孔形成机理的研究[J]. 燃料化学学报,2000,28(4):320-323.

[60] 刘植昌,凌立成,刘朗. CO_2活化对含铁沥青基炭球中孔形成的影响[J]. 煤炭转化,1999,22(02):71-74.

[61] 孙媛媛. 芦竹活性炭的制备、表征及吸附性能研究[D]. 济南:山东大学,2014.

[62] SHEN W, ZHENG J, QIN Z, et al. The effect of temperature on the mesopore development in commercial activated carbon by steam activation in the presence of yttrium and cerium oxides[J]. Colloids and Surfaces A: Physicochemical and Engineering Aspects, 2003, 229(1-3): 55-61.

[63] SHEN W, ZHENG J, QIN Z, et al. Preparation of mesoporous carbon from commercial activated carbon with steam activation in the presence of cerium oxide[J]. Journal of Colloid and Interface Science, 2003, 264(2): 467-473.

[64] 张香兰. 催化法制备煤基中孔活性炭的研究[D]. 北京: 中国矿业大学(北京校区), 2001.

[65] 张香兰, 陈清如, 徐德平, 等. 煤基活性炭上 K-Cu-Fe 混合物的催化活化造孔及机理[J]. 天津大学学报, 2013, 46(02): 156-161.

[66] 孙康. 果壳活性炭孔结构定向调控及应用研究[D]. 北京: 中国林业科学研究院, 2012.

[67] 张利波, 彭金辉, 张世敏, 等. 磷酸活化烟草秆制备中孔活性炭的研究[J]. 化学工业与工程技术, 2006, 27(2): 1-5.

[68] 王玉新, 刘聪敏, 周亚平. 竹质中孔活性炭的制备及其吸附性能研究[J]. 功能材料, 2008, 39(03): 420-423.

[69] 王玉新. 毛竹活性炭的制备及其应用研究[D]. 天津: 天津大学理学院, 2007.

[70] 张传祥, 张睿, 成果, 等. 煤基活性炭电极材料的制备及电化学性能[J]. 煤炭学报, 2009, 34(02): 252-256.

[71] 邢宝林, 谌伦建, 张传祥, 等. 中低温活化条件下超级电容器用活性炭的制备与表征[J]. 煤炭学报, 2011, 36(07): 1200-1205.

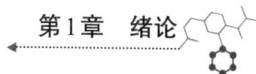

[72] VIRLA L D, MONTES V, WU J, et al. Synthesis of porous carbon from petroleum coke using steam, potassium and sodium: combining treatments to create mesoporosity[J]. Microporous and Mesoporous Materials, 2016, 234: 239-247.

[73] LLADÓ J, SOLÉ-SARDANS M, LAO-LUQUE C, et al. Removal of pharmaceutical industry pollutants by coal-based activated carbons[J]. Process Safety and Environmental Protection, 2016, 104: 294-303.

[74] GAO Y, XU S, ORTABOY S, et al. Preparation of well-developed mesoporous activated carbon with high yield by ammonium polyphosphate activation[J]. Journal of the Taiwan Institute of Chemical Engineers, 2016, 66: 394-399.

[75] LI W, GONG X, WANG K, et al. Adsorption characteristics of arsenic from micro-polluted water by an innovative coal-based mesoporous activated carbon[J]. Bioresource Technology, 2014, 165(8): 166-173.

[76] BUDINOVA T, EKINCI E, YARDIM F, et al. Characterization and application of activated carbon produced by H_3PO_4 and water vapor activation[J]. Fuel Processing Technology, 2006, 87(10): 899-905.

[77] HU Z, SRINIVASAN M P. Mesoporous high-surface-area activated carbon[J]. Microporous and Mesoporous Materials, 2001, 43(3): 267-275.

[78] HU Z, SRINIVASAN M P, NI Y. Novel activation process for preparing highly microporous and mesoporous activated carbons[J]. Carbon, 2001, 39(6): 877-886.

[79] 陈虹霖,宋磊. 不同活化方法对开心果壳活性炭的孔结构影响
[J]. 华侨大学学报(自然科学版),2014,35(05):558-563.

[80] CAVALIER J C,CHORNET E,BEAUREGARD B,et al. Prepa-
ration of metal-impregnated peat carbons and characterization
of the platinum dispersion[J]. Carbon,1978,1(16):21-26.

[81] LUK'YANOVA Z K,MAZINA O I,DROZHALINA N D,et al.
Influence of the type of peat and the degree of its decomposi-
tion on the physicochemical properties of active carbons[J]. Sol-
id Fuel Chemistry,1984,18(2).

[82] NUTALAI K, TRAKUNMAHACHAI B, PHUAICHANTHUK
T. Production activated carbon from peat soils in laboratory
[J]. Witthayasart Lae Technology,1989(11).

[83] CLAUDINO A,SOARES J L,MOREIRA R F P M,et al. Ad-
sorption equilibrium and breakthrough analysis for NO adsorp-
tion on activated carbons at low temperatures[J]. Carbon,
2004,42(8-9):1483-1490.

[84] PAPANICOLAOU C, PASADAKIS N, DIMOU D, et al. Ad-
sorption of NO, SO_2 and light hydrocarbons on activated
Greek brown coals[J]. International Journal of Coal Geology,
2009,77(3-4):401-408.

[85] URAKI Y,TAMAI Y,OGAWA M,et al. Preparation of activat-
ed carbon from peat[J]. BioResources,2009(4):205-213.

[86] OGAWA M,BARDANT T B,SASAKI Y,et al. Electricity-free
production of activated carbon from biomass in Borneo to im-
prove water quality[J]. BioResources,2011,7(1):236-245.

[87] KIM J,LEE S S,KHIM J. Peat moss-derived biochars as effec-

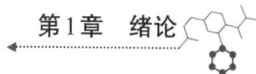

tive sorbents for VOCs' removal in groundwater[J]. Environmental Geochemistry and Health,2017.

[88] LEE J,YANG X,SONG H,et al. Effects of carbon dioxide on pyrolysis of peat[J]. Energy,2017,120(1):929-936.

[89] DONALD J,CHARLES XU C,HASHIMOTO H,et al. Novel carbon-based Ni/Fe catalysts derived from peat for hot gas ammonia decomposition in an inert helium atmosphere[J]. Applied Catalysis A: General,2010,375(1):124-133.

[90] KHADIRAN T,HUSSEIN M Z,ZAINAL Z,et al. Textural and chemical properties of activated carbon prepared from tropical peat soil by chemical activation method[J]. BioResources, 2014,10(1):986-1007.

[91] VEKSHA A,SASAOKA E,UDDIN M A. The influence of porosity and surface oxygen groups of peat-based activated carbons on benzene adsorption from dry and humid air[J]. Carbon,2009,47(10):2371-2378.

[92] 周震,言天英,高学平. 储能材料的模拟与设计[J]. 物理化学学报,2006,22(09):1168-1174.

[93] 王国栋,蒋剑春,孙康. 分子模拟活性炭的方法及其应用进展[J]. 林产化学与工业,2015,35(3):139-144.

[94] PH E. Adsorption and pore-size measurements on charcoals and whetlerites[J]. Chemical,1948,43(1):69-148.

[95] NGUYEN T X,BHATIA S K. Characterization of pore wall heterogeneity in nanoporous carbons using adsorption: the slit pore model revisited[J]. The Journal of Physical Chemistry B, 2004,108(37):14032-14042.

[96] PADAK B, WILCOX J. Understanding mercury binding on activated carbon[J]. Carbon, 2009, 47(12): 2855-2864.

[97] HERRERA L F, DO D D, BIRKETT G R. Comparative simulation study of nitrogen and ammonia adsorption on graphitized and nongraphitized carbon blacks[J]. Journal of Colloid and Interface Science, 2008, 320(2): 415-422.

[98] 刘聪敏. 吸附法浓缩煤层气甲烷研究[D]. 天津: 天津大学物理化学, 2010.

[99] 谭雪艳. 酸碱改性活性炭对甲醛吸附性能的研究[D]. 南京: 东南大学, 2017.

[100] WONGKOBLAP A, DO D D. Adsorption of water in finite length carbon slit pore: comparison between computer simulation and experiment[J]. The Journal of Physical Chemistry B, 2007, 111(50): 13949-13956.

[101] R K R, N K, W T R. Molecular simulation studies on the adsorption of mercuric chloride[J]. Environmental Chemistry, 2007, 4(1): 55.

[102] HAWELEK L, WOZNICA N, BRODKA A, et al. Graphene-like structure of activated anthracites[J]. Journal of Physics: Condensed Matter, 2012, 24(49): 495303.

[103] LU L, WANG S, MÜLLER E A, et al. Adsorption and separation of CO_2/CH_4 mixtures using nanoporous adsorbents by molecular simulation[J]. Fluid Phase Equilibria, 2014, 362: 227-234.

[104] SEGARRA I, EDGARDO, GLANDT E. model microporous carbons: microstructure, surface polarity and gas adsorption

[J]. Chemical Engineering Science, 49: 2953-2965.

[105] LIU J, MONSON P A. Molecular modeling of adsorption in activated carbon: comparison of Monte Carlo simulations with experiment[J]. Adsorption, 2005, 11(1): 5-13.

[106] DI BIASE E, SARKISOV L. Systematic development of predictive molecular models of high surface area activated carbons for adsorption applications[J]. Carbon, 2013, 64: 262-280.

[107] TERZYK A P, GAUDEN P A, FURMANIAK S, et al. Activated carbon immersed in water-the origin of linear correlation between enthalpy of immersion and oxygen content studied by molecular dynamics simulation[J]. Phys Chem Chem Phys, 2010, 12(36): 10701-10713.

[108] TERZYK A P, GAUDEN P A, ZIELIŃSKI W, et al. First molecular dynamics simulation insight into the mechanism of organics adsorption from aqueous solutions on microporous carbons[J]. Chemical Physics Letters, 2011, 515(1-3): 102-108.

[109] 周日峰, 石基弘, 刘全祯, 等. 活性炭吸附甲烷和甲苯的分子模拟研究[J]. 过程工程学报, 2018: 1-6.

[110] 吴迪, 王珊珊, 吕玲红, 等. 孔活性炭储存 CH_4 的分子模拟[J]. 化工学报, 2016, 67(09): 3707-3719.

第2章 活性炭孔结构对其吸附二噁英性能的影响

2.1 引言

活性炭是一种孔隙结构高度发达、具有极大内表面积的人工炭材料制品。由于构成活性炭内外表面（相界面）物质分子的最外层原子层没有更外层相反电性原子的制约，相界面因此具有不平衡电性而形成吸附势，这就是活性炭具有强大吸附能力的原因。在实际应用中，不同活性炭的吸附量和吸附速率存在差异，主要与它们内部富含的类树根状纳米级至微米级孔隙的尺寸有关。迄今，在实验室、中试和工业试验等规模上开展了活性炭吸附垃圾焚烧烟道气中二噁英的研究[1-3]，结果表明，2～5 nm孔隙是活性炭吸附二噁英的最佳孔径，2～20 nm孔隙发达的活性炭制品的吸附效果更好。但是，二噁英分子在活性炭孔隙中受孔壁吸附势作用的情况，以及二噁英分子在不同孔隙结构活性炭中的扩散、吸附过程尚不清晰。此外，二噁英的剧毒性给采样分析和吸附试验带来了很大风险和难度。

随着分子模拟技术的引入，已有研究者构建了狭缝、纳米管、血小板、富勒烯和虚拟炭等活性炭孔结构模型，并有效应用于甲烷、四氯化碳、二氧化碳和甲醛等的吸附研究，其优势是既可将活性炭内部复杂的结构简化，突出孔隙尺寸的贡献，又可对高危环境（如剧毒）或复杂工况进行模拟研究，具有一定的预测性和指导性。

本章运用 Materials Studio 7.0 软件构建了有毒二噁英异构体 2，3，7，8–四氯代二苯并–对–二噁英（TCDD）分子模型、活性炭狭缝孔结构模型和二噁英吸附用活性炭近似孔结构模型（简称"近似孔结构模型"），对 TCDD 分子模型进行了几何结构优化，对 TCDD 分子与活性炭狭缝孔壁间的作用势进行了理论计算，根据工业生产中活性炭净化垃圾焚烧烟道气常见工艺的运行温度区间，模拟计算了 TCDD 分子在不同孔径的狭缝孔结构模型中的吸附过程和不同孔结构特征的近似孔结构模型中的扩散、吸附过程，以期掌握孔结构影响活性炭吸附二噁英容量的规律和机制。

2.2 模型的构建

2.2.1 二噁英分子模型

二噁英通常指多氯代二苯并–对–二噁英（Polychlorinated diben-zo-p-dioxins，PCDDs）和多氯代二苯并呋喃（Polychlorinated dibenzofurans，PCDFs），统称 PCDD/Fs[2]，可分别形成75个和135个共210种异构体，其中只有2，3，7，8位置均被氯原子取代的化合物才具有生理毒性，共17种。在17种有毒异构体中，TCDD 的毒性最强，相当于沙林的2倍、马钱子碱的500倍和氰化钾的1000倍以上[4]，在二噁英类的毒理学研究中最受关注[5]。

本章以 TCDD 作为有毒二噁英异构体代表，利用 Materials Studio 7.0软件的 Materials Visualizer 模块构建其分子模型，并使用 DMol3 模块的广义近似梯度泛函（GGA）、DNP 基组和高精度收敛条件对分子模型进行几何结构优化。优化过程的总能变曲线（能量收敛曲线）如图2.1所示，可见总能量随着优化的进行而逐渐减小、趋于平稳、收敛性不再改变，即分子的几何结构处于能量最低的状态。

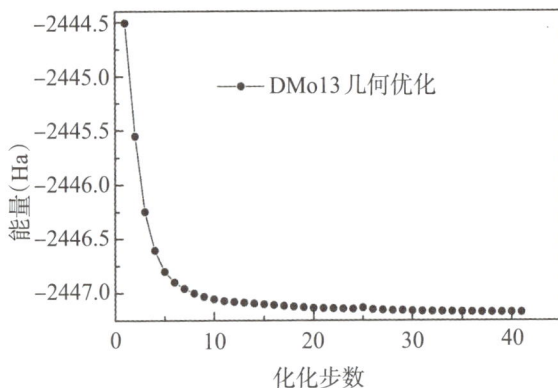

图2.1　TCDD分子结构优化过程的总能变

TCDD分子优化前、后的几何结构如图2.2所示（蓝色代表碳原子，红色代表氧原子，绿色代表氯原子，白色代表氢原子），优化后的部分键长、键角如表2.1所示。

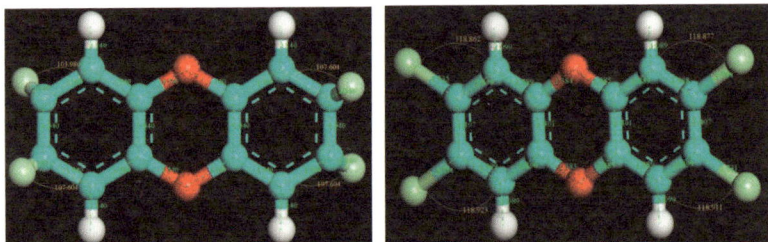

（a）优化前　　　　　　　　　（b）优化后

图2.2　TCDD分子结构

表2.1　TCDD分子结构优化后的部分键长、键角

键	键长/nm	键角	角度/（°）
C_2-Cl	1.731	Cl-C_2-C_1	118.911
C_3-Cl	1.734	Cl-C_3-C_4	118.877
C_7-Cl	1.735	Cl-C_7-C_6	118.862
C_8-Cl	1.734	Cl-C_8-C_9	118.923

2.2.2　活性炭狭缝孔结构模型

为研究活性炭的孔径大小对吸附性能的影响，一般将活性炭的孔隙视为平行双板多层晶面的狭缝，采用无限平板模型表示[6]，如图2.3所示。

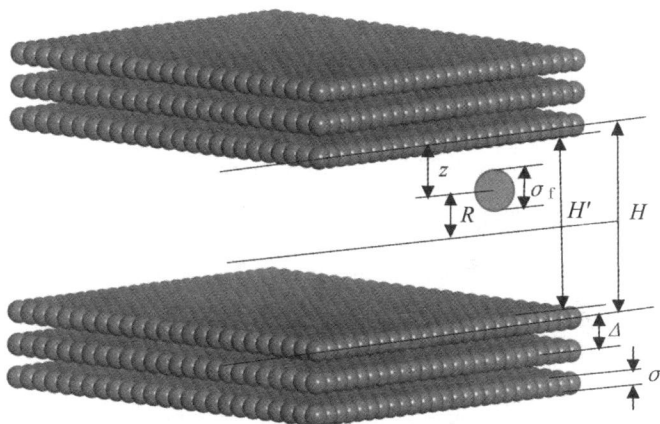

图2.3　活性炭狭缝孔结构模型

图2.3中，其定义见式（2.1）[7]；σ_f和σ_w分别为吸附质和吸附剂分子（原子）的动力学直径；Δ为碳原子所在晶面间距；z为吸附质与孔板的间距；R为吸附质与孔板中心的距离；H为孔径大小，一般指平行双板多晶层面间表面碳原子中心的距离；H'为平行双

板多晶层面间碳原子表面的距离，也称为可获得孔宽，与吸附质分子种类有关：

$$H' = H - 2 \times 0.850\ 6\sigma_{fw} + \sigma_f \qquad (2.1)$$

式中：σ_f 为吸附质分子的动力学直径，σ_{fw} 为 Lorenta-Betherlot 混合规则计算得到的吸附剂–吸附质混合动力学直径。

2.2.3 二噁英吸附用活性炭近似孔结构模型

活性炭内部孔隙的形状非常复杂，至今难以给出准确的科学描述，研究者在阐释科学现象时，常见的表述就有狭缝孔、锥形管孔、"墨水瓶"孔等。但至少可以这样认为，活性炭内部的孔隙是管状孔的变形孔和狭缝孔的变形孔的综合。这样，无论是早期单一地用管状孔结构或狭缝孔结构近似模拟构建某一类活性炭的孔隙，还是目前常见的以石墨片微元随机堆砌而成狭缝变形孔的"虚拟炭"模型，均与活性炭的实际孔隙结构相去甚远或不尽贴合。

本章在构建二噁英吸附用活性炭近似孔结构模型时，以 Norit 公司脱汞、脱二噁英活性炭产品 DARCO FGD 和 DARCO FGD[8] 的基本孔结构参数为依据（详见表1.1），改进了虚拟炭模型[9] 的构建方法，即同时以不同分子大小的石墨片和不同管径的碳纳米管作为有限空间的填充基元，基元间随机交叉堆叠形成管状孔和狭缝孔共存的孔隙，使之更接近于活性炭的实际孔结构。

填充基元石墨片和碳纳米管模型通过 Materials Studio 7.0 软件的 Materials Visualizer 模块构建，石墨片的碳原子数为24～96个、芳环数为7～37个，碳纳米管的碳原子数为60～408个，结果如图2.4所示。

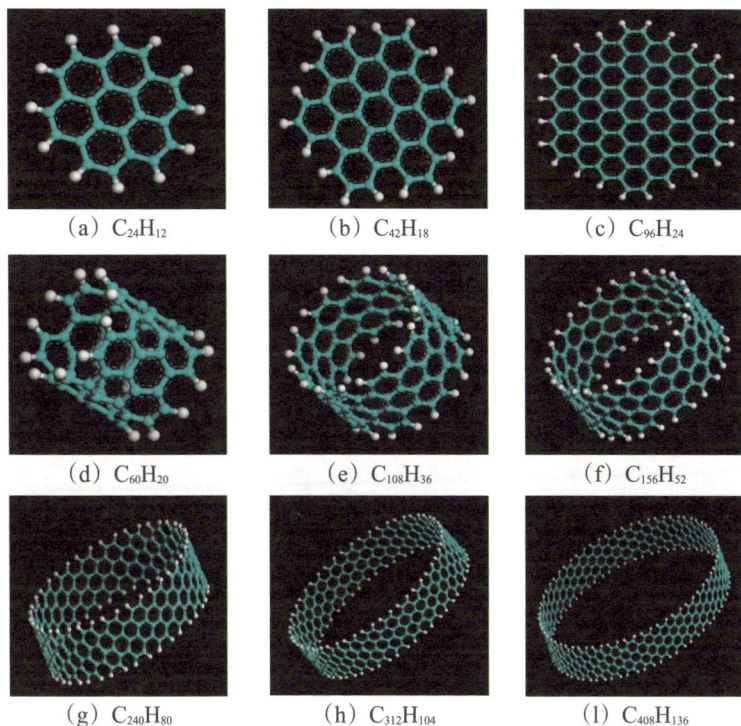

（a）$C_{24}H_{12}$　　　　（b）$C_{42}H_{18}$　　　　（c）$C_{96}H_{24}$

（d）$C_{60}H_{20}$　　　　（e）$C_{108}H_{36}$　　　　（f）$C_{156}H_{52}$

（g）$C_{240}H_{80}$　　　　（h）$C_{312}H_{104}$　　　　（1）$C_{408}H_{136}$

图2.4　基元石墨片和碳纳米管模型

图2.4（d）～（1）中碳纳米管的管径参数如表2.2所示，管径值均小于5 nm。

表2.2　基元碳纳米管管径参数

名称	C_{60}	C_{108}	C_{156}	C_{240}	C_{312}	C_{408}
管径/nm	0.678	1.220	1.763	2.712	3.526	4.61

利用Materials Studio 7.0软件的Amorphous Cell模块构建晶胞体系，晶胞为正方体结构，边长取值为$\sqrt{180}\sigma_f$ [10]，向晶胞内填充一定数量的基元石墨片和碳纳米管，主要通过改变基元碳纳米管

的数量、种类来调控模型的微孔和2～5 nm孔的孔容，辅以改变石墨片的数量、种类来调控模型的密度和比表面积。利用Materials Studio软件的Forcite模块对晶胞进行能量优化和几何结构优化，时步为1 000 ps，力场为COMPASS，然后采用Protocols-Temperature Cycle程序对结构进行退火处理，退火温度范围为200～450 K、间隔50 K。退火过程进行4次循环，以使结构达到平衡，所得模型如图2.5所示。

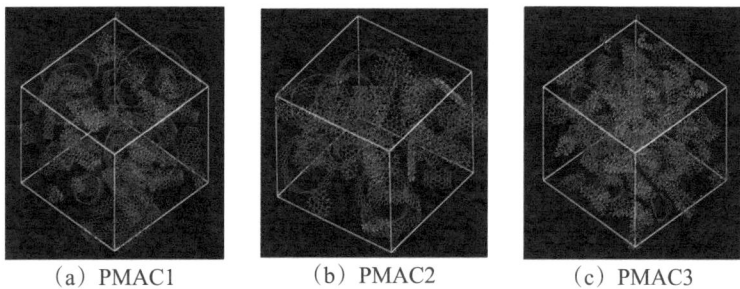

| （a）PMAC1 | （b）PMAC2 | （c）PMAC3 |

图2.5 近似孔结构模型

模型的比表面积可通过Materials Studio 7.0软件的Atom Volumes & Surfaces工具计算，使用了扫描探针法，用分子硬球探针对模型体系单元进行逐个扫描，探针可接近的部分即认为有孔隙存在。几种常见气体分子的动力学直径如表2.3所示。由于活性炭的实际表征测试通常使用N_2吸脱附测定比表面积，在此亦设定探针分子半径（Connolly radius）的值与N_2分子相同，即0.182 nm。

表2.3 几种常见气体分子的动力学直径[11]

气体分子	He	H_2	NO	CO_2	N_2	CO	CH_4	C_2H_2
动力学直径/nm	0.260	0.289	0.317	0.330	0.364	0.376	0.380	0.390

探针分子沿活性炭孔结构模型的碳原子表面不断滚动构成Connolly 表面，表面所包围的体积即为模型的自由体积，模拟结果如图2.6所示。图中蓝色区域为相同角度下能看到的各模型的Connolly 表面，蓝色区域越大，表明其比表面积越大。

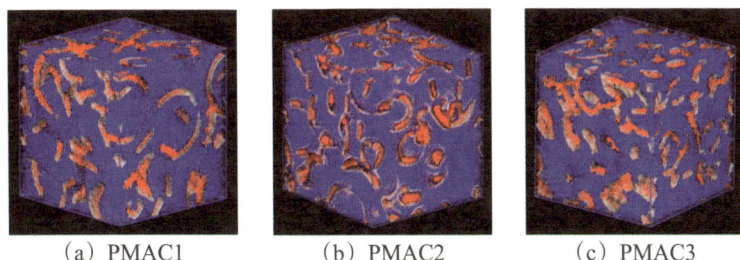

（a）PMAC1　　　　（b）PMAC2　　　　（c）PMAC3

图2.6　近似孔结构模型的自由体积分布

解析图2.6，并结合构建模型的晶胞结构参数和填充基元的结构参数，可得各近似孔结构模型的比表面积和孔结构参数，如表2.4所示。

表2.4　近似孔结构模型的比表面积和孔结构参数

模型名称	比表面积/($m^2 \cdot g^{-1}$)	比孔容/($cm^3 \cdot g^{-1}$)		比孔容率/%	
		微孔	2~5 nm孔	中人孔	2~5 nm孔
PMAC1	822	0.162 1	0.171 4	82.37	18.64
PMAC2	743	0.153 3	0.198 9	82.77	22.36
PMAC3	954	0.183 8	0.205 5	78.97	23.49

从表2.4中可以看出，近似孔结构模型 PMAC1、PMAC2、PMAC3 与 Norit 公司脱汞、脱二噁英活性炭产品 DARCO FGD 和 DARCO FGD 的基本孔结构参数整体较为接近：微孔容均大于0.15 cm³/g(DARCO FGD 为0.18 cm³/g，DARCO FGD 为0.17 cm³/g)；2~5 nm 孔容均大于0.16 cm³/g(DARCO FGD 为0.25 cm³/g，DAR-

CO FGD 为 0.16 cm³/g）；2～5 nm 孔容率均大于 18%（DARCO FGD 为 16.78%，DARCO FGD 为 12.80%）；中大孔率大于 78%（DAR-CO FGD 为 88%，DARCO FGD 为 86%）。

从表 2.4 中还可看出，模型 PMAC1 的中大孔率与 PMAC2 接近，但 2～5 nm 孔容和孔容率明显小于 PMAC2；模型 PMAC3 的 2～5 nm 孔容和孔容率与 PMAC2 接近，但中大孔率明显小于 PMAC2。

2.3　计算与模拟

2.3.1　二噁英分子与活性炭狭缝孔壁间作用势的理论计算

描述吸附质分子与活性炭孔壁间的作用势，通常是将活性炭孔壁表面分子的势能作用看作外势场，对单个吸附质分子与吸附剂表面分子的成对势能进行加和。具体计算所采用的模型，按表面假设形式可以分为单板单分子层晶面势能模型（10-4 模型）和单板多分子层势能模型（9-3 模型）等，在受限空间普遍选用平行双板多层晶面势能模型（10-4-3 模型）[12-13]。本章所构建的活性炭狭缝孔结构模型符合平行双板多层晶面势能模型的特征（如图 2.3 所示），宜采用 10-4-3 模型计算 TCDD 分子与活性炭孔壁间的作用势能[14]：

$$\phi_{\text{fw}}(z) = 2\pi\rho_{\text{w}}\varepsilon_{\text{fw}}\sigma_{\text{fw}}^2 \Delta \left[0.4\left(\frac{\sigma_{\text{fw}}}{z}\right)^{10} - \left(\frac{\sigma_{\text{fw}}}{z}\right)^4 - \left(\frac{\sigma_{\text{fw}}^4}{3\Delta(0.61\Delta+z)}\right) \right] \quad (2.2)$$

式中：z 为 TCDD 分子与活性炭狭缝孔壁的间距，单位 nm；ρ_{w} 为活性炭狭缝孔壁的体积数密度，ρ_{w}=114 nm⁻³ [13]；Δ 为活性炭狭缝孔壁的碳原子晶面间距，Δ=0.335 nm[13]；ε_{fw} 为 TCDD 分子与活性炭狭缝孔壁间的交互作用势能参数之一，单位 J；σ_{fw} 为 TCDD 分子与

活性炭狭缝孔壁间的交互作用势能参数之二，单位 nm。

ε_{fw}、σ_{fw} 的取值，可从 Lorenta-Betherlot 混合规则[14]算得：

$$\begin{cases} \sigma_{fw} = \dfrac{\sigma_f + \sigma_w}{2} \\ \varepsilon_{fw} = \sqrt{\varepsilon_f \varepsilon_w} \end{cases} \quad (2.3)$$

式中：活性炭狭缝孔壁的势能参数 σ_w、ε_w 可从文献[6，14，15]查得；TCDD 分子的势能参数 σ_f、ε_f 可通过 Halkiadakis-Bowrey 临界参数法[16]计算，分别为

$$\begin{cases} \sigma_f = 0.326 \left(\dfrac{V_c}{N_A} \right)^{\frac{1}{3}} z_c^{-0.59} \\ \varepsilon_f = 2.80 k T_c z_c^{0.97} \end{cases} \quad (2.4)$$

式中：V_c、T_c、z_c 分别为 TCDD 分子的临界体积、临界温度和临界压缩因子；N_A 为阿伏伽德罗常量（$N_A=6.022\times10^{23}$）；k 为玻尔兹曼常数（$k=1.380\,649\times10^{-23}$ J/K）。

临界参数（V_c、T_c、z_c）可由 Joback 基团贡献法[17-18]获得：

$$\begin{cases} T_c = T_b \left[0.854 + 0.965 \sum n_i \Delta T_i - \left(\sum n_i \Delta T_i \right)^2 \right]^{-1} \\ T_b = 198.2 + \sum n_i \Delta T_{bi} \\ P_c = \left(0.113 + 0.003\,2 n_A - \sum n_i \Delta P_i \right)^{-2} \\ V_c = 17.5 + \sum n_i \Delta V_i \\ z_c = \dfrac{P_c V_c}{R T_c} \end{cases} \quad (2.5)$$

式中：T_b 为正常沸点；n_i 为不同基团的个数；n_A 为 TCDD 分子中的原子个数（$n_A=22$）；ΔT_i、ΔT_{bi}、ΔP_i、ΔV_i 为不同基团的相应贡献值，如表 2.5 所示。

表2.5　TCDD分子中的基团贡献值[17]

基团名称	基团贡献值			
	ΔT_{bi}	ΔT_i	ΔP_i	ΔV_i
=CH—（芳环）	26.73	0.008 2	0.001 1	41
=C<（芳环）	31.01	0.014 3	0.000 8	32
—O—	22.42	0.016 8	0.001 5	18
—Cl	38.13	0.010 5	−0.004 9	58

Joback基团贡献法计算所得临界压力P_c的单位为bar，临界体积V_c的单位为cm³/mol，需转换为相应国际制单位，结果如表2.6所示。

表2.6　TCDD分子的临界参数

T_c/K	P_c/Pa	V_c/(m³·mol⁻¹)	z_c
1025.10	2.794×10⁶	7.06×10⁻⁴	0.231

由此可得TCDD分子和活性炭狭缝孔壁的势能参数取值，如表2.7所示。

表2.7　TCDD分子和活性炭孔壁的势能参数

TCDD		活性炭孔壁[6,14,15]	
σ_f/nm	$\varepsilon_f.k^{-1}$/K	σ_w/nm	$\varepsilon_w.k^{-1}$/K
0.82	694	0.34	28

注：k为玻尔兹曼常数（k=1.380 649×10⁻²³ J/K）。

从表2.7中可以看出，由Joback基团贡献法联合Halkiada-kis-Bowrey临界参数法计算所得TCDD分子的动力学直径，其值介于文献[19]测算的TCDD分子各维度尺寸（长轴1.368 8 nm，短轴

0.734 8 nm，厚度 0.35 nm）之间（详见图 1.1），计算结果合理。同时，可根据表 2.7 中数据，由式（2.1）计算所构建活性炭狭缝孔模型的可得孔宽 H'，最小孔宽 $H=1$ nm 对应的 $H'=0.833$ nm，其值大于 TCDD 分子的动力学直径 σ_f，可有效用于 TCDD 分子的吸附模拟。

综上，如图 2.3 所示，对于给定的孔径 H，位于活性炭狭缝孔中的 TCDD 分子与上下孔壁均有相互作用，总势能为两个作用势的加和，即

$$\phi = \phi_{fw}(z) + \phi_{fw}(H-z) \qquad (2.6)$$

2.3.2 活性炭孔结构模型吸附二噁英的计算模拟

根据工业生产中活性炭净化垃圾焚烧烟道气常见工艺的运行温度，如表 2.8 所示，设定模拟计算温度为 120～200 ℃。

表 2.8 活性炭脱除垃圾焚烧烟道气中二噁英的主要工艺及其吸附温度[20-21]

吸附工艺	温度/℃	脱除效率/%
固定床	150	97.9～98.8
移动床	150～180	90.4～98.2
携带流喷射联合布袋除尘	120～220	89.9～98.3

对于狭缝孔结构模型，由于其孔结构是由两个无限大的碳墙平面构成，在模拟计算时，可将无限大的狭缝孔分割为许多个模拟盒子（元胞），通过计算某一个模拟盒子中 TCDD 分子的被吸附情况而获知模型的吸附性能。本书所选模拟盒子的尺寸为 $l \times l \times H$，$l = \sqrt{180}\,\sigma_f$ [10]，H 为狭缝孔径；采用周期性边界条件处理模拟盒子边界处分子的相互作用，模拟 120 ℃ 条件下不同孔径活性炭狭缝孔结构模型吸附 TCDD 分子的过程。

对于近似孔结构模型，本书计算了TCDD分子的扩散系数、亨利系数，模拟了120～200℃不同温度下吸附TCDD分子的过程。

活性炭孔结构模型(狭缝孔模型、近似孔结构模型）模拟吸附TCDD分子的过程和亨利系数的计算，采用Materials Studio 7.0软件的Sorption模块完成。固化温度条件时，其他主要模拟参数的设定如表2.9所示。

表2.9 基本模拟参数的设定

参数名称	平衡时步	生产时步	逸度范围	力场	非键相互作用加和方法	
					静电力作用	范德华力作用
参数设置	10 000 ps	100 000 ps	30～1000 kPa	Universal	Ewald & Group	Atom Based

表2.9中的平衡时步(equilibration step)用于体系平衡，生产时步(production step)用于统计平均，逸度(fugacity)用于化学热力学中表示实际气体的有效压强，Universal力场可做到元素周期表的完整覆盖，Ewald & Group 截断法用于计算周期性系统静电相互作用，Atom Based截断法用于简捷计算长程非键相互作用。

TCDD分子在活性炭近似孔结构中的亨利系数根据亨利定律计算，即吸附剂表面覆盖率很低因而可认为吸附相呈理想状态时，能用Henry定律描述吸附现象，活性炭的气相吸附符合该特征。此外，所有气体在环境压力等于0的极限条件下近似理想气体。Henry定律由此可表述如下：

$$n = HP \Rightarrow H = \lim_{P \to 0} \frac{n}{f} \qquad (2.7)$$

式中：n为吸附量；P为平衡压力；f为吸附质分压(逸度)；H为亨利常数。

Materials Studio 软件的 Sorption 吸附模块计算亨利常数的公式为

$$H = \beta V_{\text{cell}} \exp[\beta \mu_{\text{intra}}] \tag{2.8}$$

式中：β 为温度的倒数；V_{cell} 为晶胞体系（即活性炭近似孔结构模型）的体积；μ_{intra} 为分子内化学势。

TCDD 分子在近似孔结构模型中的扩散系数，采用 Materials Studio 7.0 软件的 Forcite Analysis 模块计算，模拟温度为 160 ℃，TCDD 分子的载入个数为 10 个，对初始构型先采用正则系综（NVT）进行 1 ns 的计算以使系统平衡，然后采用微正则系综（NVE）进行 100 ps 时间的动力学模拟。计算过程中采用多个时间原点的系综平均来提高计算结果精度、最小化统计噪点，获得均方位移（mean square displacement，MSD），然后对均方位移–时间图（MSD-t）进行线性拟合，计算扩散系数（D）。

均方位移和扩散系数的计算式如下：

$$\text{MSD} = \sum_i^N \left\langle \left| r_i(t) - r_i(0) \right|^2 \right\rangle \tag{2.9}$$

$$D = \frac{1}{6} \lim_{t \to 0} \frac{\mathrm{d}}{\mathrm{d}t}(\text{MSD}) \tag{2.10}$$

式中：MSD 为均方位移；$r_i(t)$ 和 $r_i(0)$ 分别表示不同统计样本的位移和原点。

2.4　结果与讨论

2.4.1　二噁英分子与活性炭狭缝孔壁间作用势的计算结果

TCDD 分子与孔径 H 为 1～8 nm 的活性炭狭缝孔结构模型的孔壁间作用势如图 2.7 所示，图中 R 为 TCDD 与狭缝孔的孔心距，其

值为 $\dfrac{H}{2}-z$（如图 2.3 所示）。

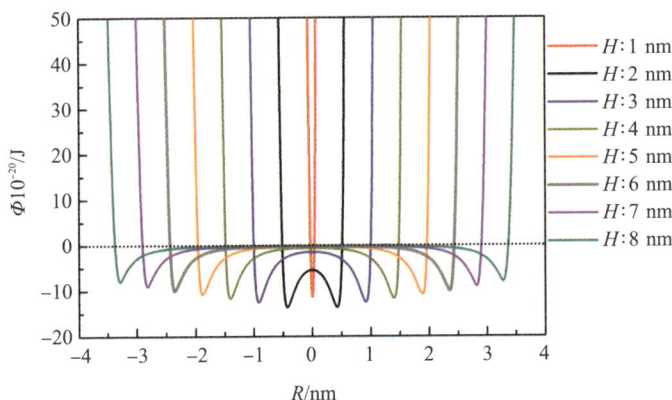

图 2.7　TCDD 分子与活性炭狭缝孔壁的作用势变化曲线

从图 2.7 中可以看出，TCDD 分子与活性炭狭缝孔壁间的作用势有两个能量最低点（$H=1$ nm 除外），以孔中心 $R=0$ 为轴对称分布，说明最大吸附作用在孔壁面附近，TCDD 分子优先吸附在活性炭孔隙的内表面上。随着孔径的减小，作用势的两个能量最低点向轴对称靠拢，且最低点的数值逐渐增大；孔径取值在 $H=2\sim4$ nm 时，孔壁附近和孔中心的作用势均较大；孔两壁的吸附势最后在孔径 $H=1$ nm 时汇合于孔中心，但汇合后的吸附作用势仍明显小于 $H=2$ nm，说明适于吸附 TCDD 的活性炭孔径应大于 1 nm。

不同孔径下，TCDD 分子在活性炭狭缝孔孔壁面附近和孔中心的作用势如图 2.8 所示。

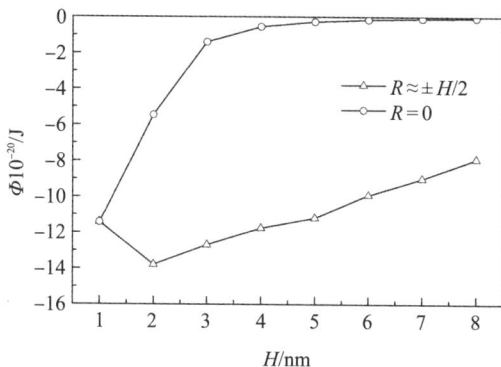

图2.8　TCDD分子在活性炭狭缝孔孔壁面附近和孔中心的作用势变化曲线

从图2.8中可以看出，孔径H大于5 nm后，狭缝孔孔壁面附近的最低作用势仍不断减小，且孔中心的最低作用势逐渐趋于0，可见吸附作用将大为弱化。

综合来看，TCDD分子在活性炭孔隙的近壁面至孔中心不同位置均能获得较大吸附作用势的孔径应大于1 nm小于5 nm，在2～4 nm之间为宜。

2.4.2　活性炭狭缝孔结构模型吸附二噁英的等温线及能量分布

在120℃温度条件下，TCDD分子在活性炭狭缝孔结构模型中的吸附等温线和吸附过程的能量强度分布曲线分别如图2.9和图2.10所示。

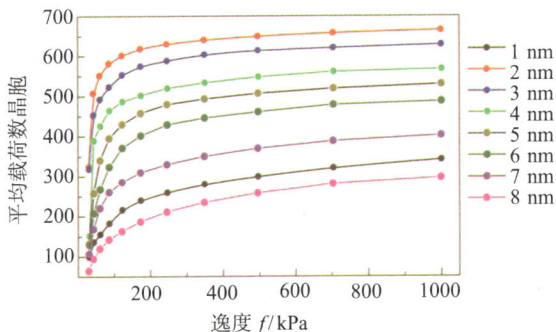

图2.9 TCDD在不同孔径活性炭狭缝孔结构模型上的吸附等温线

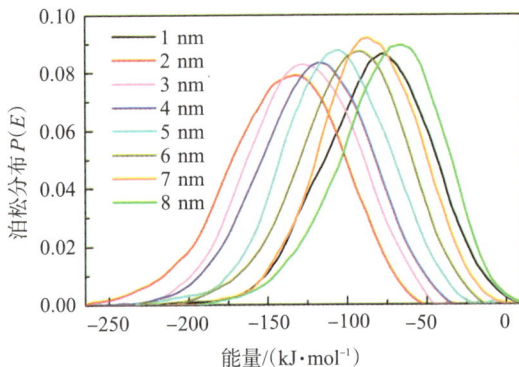

图2.10不同孔径活性炭狭缝孔结构模型吸附TCDD过程的能量分布曲线

从图2.9中可以看出，吸附等温线均为I型，即低压下吸附量迅速升高，达到一定值后出现平台。孔径为1 nm的活性炭狭缝孔结构模型的TCDD吸附量远小于孔径在2～7 nm时，2～3 nm孔径的吸附能力最佳，各模型达到其吸附等温线平台的压力随着孔径的增大而增加。

从图2.10中可以看出，孔径大于2 nm时，随着活性炭孔径的增大，吸附过程中TCDD分子与活性炭间相互作用能的强度分布逐渐向低吸附能区偏移，说明活性炭孔隙对TCDD分子的吸附能力逐渐减弱。

2.4.3　二噁英吸附用活性炭近似孔结构模型吸附二噁英的计算模拟结果

2.4.3.1　二噁英的扩散系数

扩散系数是传质过程的重要参数，吸附质在活性炭的内部孔隙中扩散至有效吸附空间（位置）是活性炭吸附得以进行的前提。TCDD分子在3个近似孔结构模型中的均方位移–时间图和扩散系数解析图如图2.11所示。可以看出，TCDD在各模型中的扩散系数由大到小排序为PMAC2＞PMAC1＞PMAC3，与中大孔率的大小排序一致。说明发达的中大孔结构可降低二噁英分子在活性炭内部孔隙中与孔壁碰撞的频率，减小自扩散受限空间，这对其顺利到达最佳孔径位置得以吸附脱除十分有益。

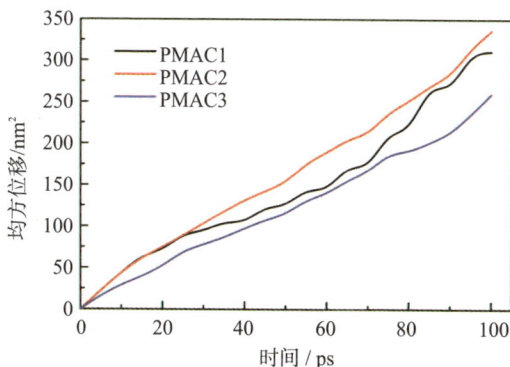

（a）各模型的MSD-t图

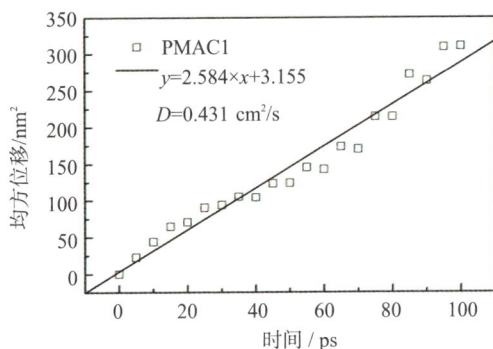

（b）PMAC1中TCDD扩散系数

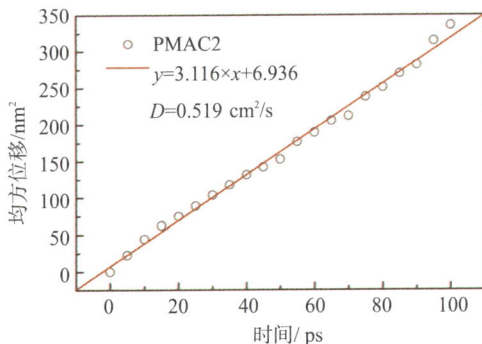

（c）PMAC2中TCDD扩散系数

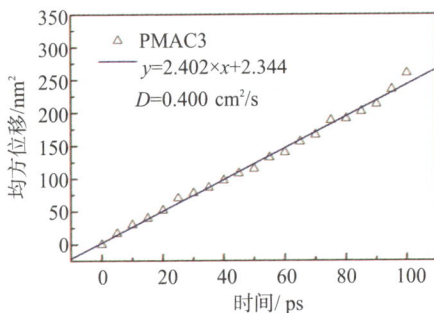

（d）PMAC3中TCDD扩散系数

图2.11　近似孔结构模型中TCDD的均方位移和扩散系数

2.4.3.2　二噁英的亨利常数

在 120～200℃温度范围的不同温度条件下，TCDD 分子在 3 个近似孔结构模型中的吸附亨利常数如图 2.12 所示。由图可见，各模型的亨利常数均随温度的升高而减小，说明模型对 TCDD 的吸附性能随温度的升高而减弱，符合活性炭吸附的基本规律；相同温度下，亨利常数的大小排序为 PMAC2＞PMAC1＞PMAC3，亦可视为各模型对 TCDD 吸附性能大小的排序。

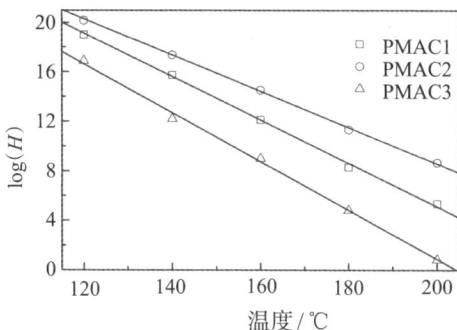

图2.12　TCDD在近似孔结构模型中的亨利常数

2.4.3.3　二噁英的吸附等温线、能量分布及吸附位点分布

在 120～200℃温度范围的不同温度条件下，TCDD 分子在 3 个近似孔结构模型中的吸附等温线和吸附过程的能量分布曲线分别见图 2.13 和图 2.14 所示。

从图 2.13 和图 2.14 中可以看出，各近似孔结构模型对 TCDD 的吸附能力排序为 PMAC2＞PMAC1＞PMAC3，与亨利常数和扩散系数的大小排序一致。模型 PMAC2 的吸附量大于 PMAC1，说明在中孔发达程度接近(中大孔率相近)的情况下，2～5 nm 孔隙发达的活性炭利于二噁英的吸附，与前述狭缝孔结构模型的研究结果一致；模型 PMAC3 的吸附量最小，说明活性炭中大孔隙的发达程度对二噁英的吸附至关重要，只有合适的孔径分布(中大孔率较高)才能使二噁英尽可能顺利地进入其内部，充分利用内表面进行吸附，否则即使2～5 nm孔再发达，也不能大量吸附二噁英。调控二噁英吸附用活性炭的孔结构，关键在于定向制备2～5 nm孔隙发达的中孔活性炭。

图2.15所示为各模型在所选压力范围内，不同温度下TCDD吸附达最大量时的吸附位点分布，更能直观地表达上述规律。

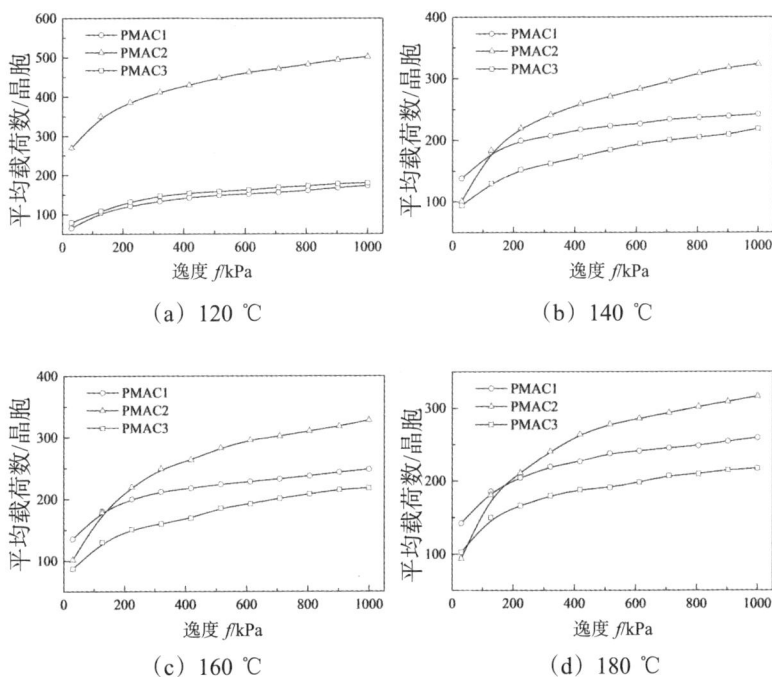

（a）120 ℃ 　　　　　　　　　（b）140 ℃

（c）160 ℃ 　　　　　　　　　（d）180 ℃

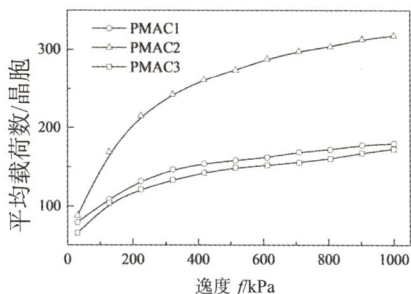

（e）200 ℃

图2.13　TCDD吸附曲线

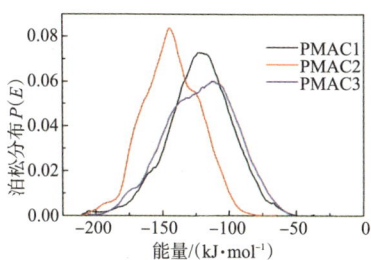

（a）120 ℃

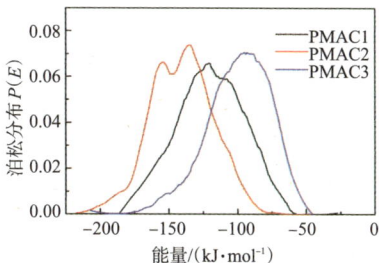

（b）140 ℃

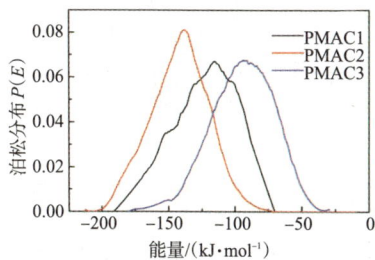

（c）160 ℃

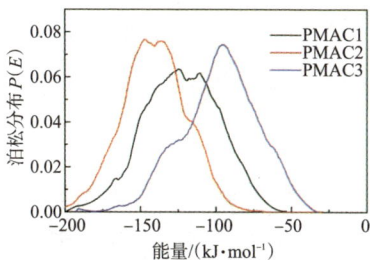

（d）180 ℃

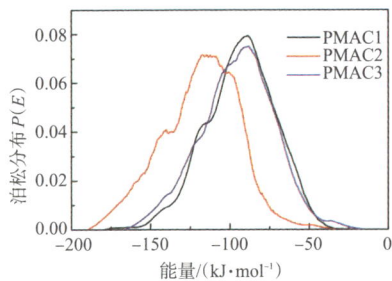

（e）200 ℃

图2.14　TCDD吸附过程的能量分布曲线

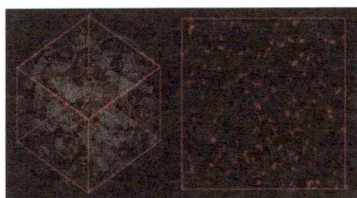

（a）PMAC1（120 ℃）

（b）PMAC2（120 ℃）

（c）PMAC3（120 ℃）

（d）PMAC1（140 ℃）

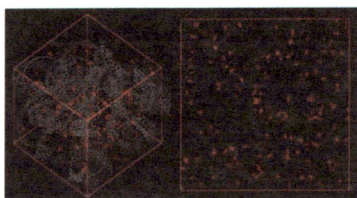

（e）PMAC2（140 ℃）

（f）PMAC3（140 ℃）

（g）PMAC1（160 ℃）

（h）PMAC2（160 ℃）

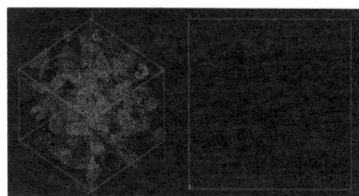
（i）PMAC3（160 ℃）

（j）PMAC1（180 ℃）

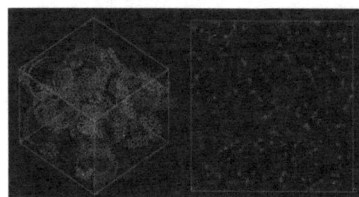
（k）PMAC2（180 ℃）

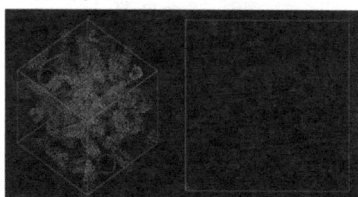
（l）PMAC3（180 ℃）

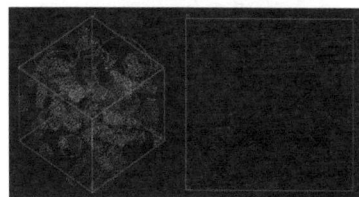
（m）PMAC1（200 ℃）

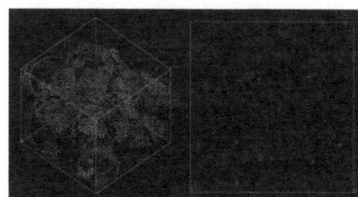
（n）PMAC2（200 ℃）

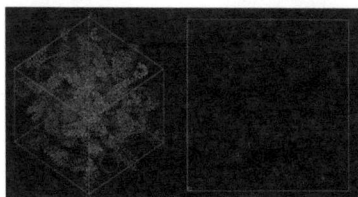
（o）PMAC3（200 ℃）

图 2.15　近似孔结构模型的 TCDD 吸附位点分布

此外，还可由图2.13中的吸附曲线解析获得活性炭的吸附量，以此量化衡量活性炭的吸附能力。根据Gibbs理论[22]，吸附剂表面吸附层(吸附相)中超过气相密度的吸附质分子的量，才是实验室测得的吸附量，可真实反映吸附剂的吸附能力，称为超额吸附量；而吸附相中近似按气相密度分布的吸附质分子，与气/固分子间作用力无关，实际上并未发生吸附，通常将其含量与超额吸附量相加，合称为绝对吸附量。通过GCMC法模拟获得的吸附量为绝对吸附量，要与实验值比较，还需转化为超额吸附量[23]。换算公式如下：

$$N_{excess} = N_{total} - V_p \times \rho \qquad (2.11)$$

式中：N_{excess}为超额吸附量；N_{total}为绝对吸附量；V_p为活性炭的自由体积；ρ为Peng-Robinson(PR)状态方程计算所得气相密度。

根据式(2.11)解析图2.13，可得各模型不同温度下对TCDD的最大超额吸附量，如表2.10所示。

表2.10   近似孔结构模型对TCDD的吸附量

吸附温度/℃	最大超额吸附量/(mg·g⁻¹)		
	PMAC1	PMAC2	PMAC3
120	391.28	745.42	258.68
140	366.02	509.33	263.65
160	383.35	521.10	262.08
180	297.04	493.17	260.21
200	191.74	496.62	185.88

关于活性炭吸附二噁英的吸附量，暂未查询到有关Norit公司生产的DARCO FGD和DARCO FGD两个型号的活性炭的公开实

验数据，在此仅列举部分国内外研究者采用Norit公司的其他市售垃圾焚烧烟道气净化用活性炭开展的气相吸附实验研究数据：李湘、罗灵爱等[24-25]利用自搭建的吸附实验系统，以氦气稀释并输送饱和二苯并呋喃气体（二噁英模拟化合物），测得活性炭Norit RB1在323～423 K（50～150℃）温度范围对二苯并呋喃的平均最大吸附量为0.335 g/g（335 mg/g）；Ottaviani等[26]采用电子顺磁共振技术（EPR）对TCDD分子进行探针标记（TCDD-T），以CH_3Cl、甲苯作为溶剂，以N_2气流作为输送载体，测得活性炭NORIT GL50对TCDD-T的吸附量可达97 μg/100 mg（0.97 mg/g）。可见，活性炭产品型号和实验技术手段不同，吸附量的数值差别很大。

从表2.10中可以看出，活性炭孔结构模型PMAC1、PMAC2和PMAC3的TCDD最大超额吸附量为185.88～391.28 mg/g，可计算得到平均最大超额吸附量分别为325.87 mg/g、593.13 mg/g、246.10 mg/g，其数值与文献[24-25]研究结果接近或更优，说明吸附量的模拟结果具有一定的合理性和较大的参考、指导价值；但与文献[26]研究结果差别很大，也可能存在一定的不确定性，仍需后续更多公开报道的实验数据进一步验证。但至少可以确定，适合吸附净化二噁英的活性炭应具有发达的中孔（2～50 nm），尤其是2～5 nm的孔隙。

根据已有研究所揭示的煤基活性炭的制备特点，一般认为低变质程度煤种制得活性炭的中孔较丰富，高变质程度的煤种制得活性炭的微孔较发达[27]，本书选择未经成岩作用的不成形的"准年轻煤"——泥炭为原料制备二噁英吸附用活性炭，发达的中孔结构是可预期获得的，因此，调控2～5 nm孔隙的发育更为关键。

2.5 本章小结

本章利用Materials Studio 7.0软件，以平行双板多层晶面构建了活性炭狭缝孔结构模型，以石墨片和碳纳米管为微元构建了二噁英吸附用活性炭的近似孔结构模型，计算了二噁英分子(TCDD)与活性炭狭缝孔壁间的作用势能、在活性炭近似孔结构模型中的扩散系数和亨利系数，模拟了不同温度下TCDD在两个活性炭孔结构模型中的吸附过程，形成如下3个方面的主要结论。

（1）二噁英分子(TCDD)与活性炭狭缝孔壁间的作用势有两个以孔中心为轴对称分布的能量最低点，随着孔径的减小逐渐向轴对称靠拢，在孔径为1nm时汇合于孔中心，孔径为2～4 nm时的孔中心和孔壁面附近均有较大的作用势，大于5 nm后的最低作用势的值不断减小且孔中心的作用势趋于0，2～5 nm孔隙对二噁英具有良好吸附能力的原因是其孔隙内部近壁面至孔中心均有较大的吸附作用势。

（2）活性炭狭缝孔结构模型吸附二噁英分子(TCDD)的吸附等温线均为I型，达到其吸附等温线平台的压力随着孔径的增大而增加，吸附过程中TCDD分子与活性炭的相互作用能在大于2 nm后的强度分布逐渐向低吸附能区偏移，孔隙对TCDD分子的吸附能力逐渐减弱。

（3）二噁英吸附用活性炭近似孔结构模型对二噁英分子(TCDD)的吸附性能与中孔的发达程度呈正增长关系，同时受制于中孔中2～5 nm孔的发达程度，中大孔率相近时，2～5 nm孔隙发达的活性炭利于二噁英的吸附，中孔发达、具有较大2～5 nm孔容的活性炭的TCDD扩散系数值及相同温度条件下的亨利常数值、吸附量最大。

参考文献

[1] 马显华. 活性炭吸附垃圾焚烧二噁英影响因素实验研究[D]. 杭州:浙江大学, 2013.

[2] CHI K H, CHANG S H, HUANG C H, et al. Partitioning and removal of dioxin-like congeners in flue gases treated with activated carbon adsorption[J]. Chemosphere, 2006, 64（9）: 1489-1498.

[3] 张漫雯, 冯桂贤, 黄蓉, 等. 国产活性炭喷射去除大型城市生活垃圾焚烧发电厂烟气中的二噁英[J]. 环境工程学报, 2015, 9（11）: 5531-5536.

[4] 徐梦侠. 城市生活垃圾焚烧厂二噁英排放的环境影响研究[D]. 杭州:浙江大学, 2009.

[5] 杨永滨, 郑明辉, 刘征涛. 二噁英类毒理学研究新进展[J]. 生态毒理学报, 2006,1(2):105-115.

[6] HERRERA L F, DO D D, BIRKETT G R. Comparative simulation study of nitrogen and ammonia adsorption on graphitized and nongraphitized carbon blacks[J]. Journal of Colloid and Interface Science, 2008,320(2):415-422.

[7] 刘聪敏. 吸附法浓缩煤层气甲烷研究[D]. 天津: 天津大学物理化学, 2010.

[8] CABOT. Flue gas treatment[EB/OL]. （2016-12-10）[202-02-10]. http://www.cabotcorp.com/.

[9] DI BIASE E, SARKISOV L. Systematic development of predictive molecular models of high surface area activated carbons for adsorption applications[J]. Carbon, 2013,64:262-280.

[10] 何科荣. 微孔炭材料吸附过程的 MonteCarlo 模拟[D]. 广州：暨南大学, 2007.

[11] AMANI M，AMJAD-IRANAGH S，GOLZAR K，et al. Study of nanostructure characterizations and gas separation properties of poly(urethane-urea)s membranes by molecular dynamics simulation[J]. Journal of Membrane Science，2014,462:28-41.

[12] 王国栋. 木质活性炭对小分子气体吸附容量的理论计算[D]. 南京:南京林业大学, 2017.

[13] DO D D. Adsorption analysis：equilibria and kinetics [M]. London：Imperial College Press，1998.

[14] JIANG S，ZOLLWEG J A，GUBBINS K E. High-pressure adsorption of methane and ethane in activated carbon and carbon fibers[J]. The Journal of Physical Chemistry，1994,98（22）：5709-5713.

[15] 曹达鹏，汪文川，矫庆泽. 层柱状微孔材料吸附存储天然气的 MonteCarlo模拟[J]. 化学学报, 2001,59(2):297-300.

[16] HALKIADAKIS E A，BOWREY R G. The edtimation of molecular parameters for the stockmayer(12-6-3) potential using caitical properties[J]. Chemical Engineering Science，1974,30：53-60.

[17] JOBACK K G，REID R C. Estimation of pure component properties from group contributions[J]. Chemical engineering communications，1987,57(3):233-243.

[18] 齐丽. 基础物性估算方法评价研究[D]. 青岛：青岛科技大学, 2018.

[19] NAGANO S，TAMON H，ADZUMI T，et al. Activated carbon

from municipal waste[J]. Carbon，2000，38（6）：915-920.

[20] 周旭健，李晓东，徐帅玺，等. 多孔碳材料对二噁英吸附性能的研究评述及展望[J]. 环境污染与防治，2016（01）：76-81.

[21] 周旭健. 多孔碳材料对二噁英吸附特性的机理研究[D]. 杭州：浙江大学，2016.

[22] 周理，李明，周亚平. 超临界甲烷在高表面活性炭上的吸附测量及其理论分析[J]. 中国科学（B辑），2000（01）：49-56.

[23] 王慧. 气体在多孔纳米材料中的吸附与分离的分子模拟研究[D]. 北京：北京化工大学，2016.

[24] 李湘，李忠，罗灵爱. 活性炭吸附二苯并呋喃的动力学[J]. 环境科学学报，2006，26（10）：1695-1700.

[25] LUO L，LI X，LI Z. Adsorption kinetics of dibenzofuran in activated carbon packed bed[J]. Chinese Journal of Chemical Engineering，2008，16（2）：203-208.

[26] OTTAVIANI M F，MAZZEO R，TURRO N J，et al. EPR study of the adsorption of dioxin vapours onto microporous carbons and mesoporous silica[J]. Microporous and Mesoporous Materials，2011，139（1-3）：179-188.

[27] CETIN E，MOGHTADERI B，GUPTA R，et al. Influence of pyrolysis conditions on the structure and gasification reactivity of biomass chars[J]. Fuel，2004，83（16）：2139-2150.

第3章　泥炭样的采制与分析及
活性炭的制备与表征

3.1　泥炭样品的采制、分析及评价

3.1.1　泥炭样品的采制、分析方法

原料泥炭采自贵州省毕节市朱昌泥炭矿床（北纬N27°11′，东经E105°17′），该矿床产于三叠纪碳酸盐岩向斜盆地的核部，属于典型的岩溶湖盆形泥炭矿床，泥炭层为单层，上部为黑褐色草本泥炭，下部为棕褐色草本–木本泥炭[1]。

本书采用了煤炭及木质原料的分析方法，并利用多种近现代仪器对泥炭的组成、性质等进行深度评价，相关参数如下。

（1）泥炭样品的化学组成及元素组成。按照《煤样的制备方法》(GB/T 474—2008)将收到泥炭样品制成空气干燥泥炭样，依据《煤的工业分析方法》(GB/T 212—2008)进行工业分析，利用元素分析仪(Elementar, Elementar Vario MACRO)进行元素分析。

（2）泥炭样品的灰成分。按照《煤灰成分分析方法》(GB/T 1574—2007)制备泥炭灰样，使用X射线荧光分析仪（Rigaku, ZSXPrimus）进行灰成分分析。

（3）泥炭样品的工艺性质。分别按照《煤的发热量测定方法》(GB/T 213—2008)、《煤的着火温度测定方法》(GB/T 18511—2017)和《煤灰熔融性的测定方法》(GB/T 219—2008)测定泥炭样

品的热值、燃点和灰熔融性。按照《煤的格金低温干馏试验方法》(GB/T 1341—2007)测定泥炭低温热解的焦油产率、半焦产率和热解水产率。

(4)泥炭样品的植物有机组成。分别按照《造纸原料综纤维素含量的测定》(GB/T 2677.10—1995)、《造纸原料多戊糖含量的测定》(GB/T 2677.9—1994)、《造纸原料酸不溶木素含量的测定》(GB/T 2677.8—1994)和《造纸原料和纸浆中酸溶木素的测定》(GB/T 10337—2008)测定泥炭样品中综纤维素(纤维素和半纤维素的总和)、多戊糖(半纤维素)、酸不溶木素及其衍生物、酸溶木素的含量。

(5)泥炭样品的表面化学。选用 Thermo Fisher Scientific Nicolet iS10 FTIR 傅里叶变换红外光谱仪,将泥炭样品烘干预处理,采用 KBr 压片法,样品与 KBr 比例为 1:160,使用 DTGS 检测器,测试范围为 4 000~400 cm^{-1},扫描次数 32 次,分辨率为 4 cm^{-1}。

3.1.2 泥炭样品的评价

泥炭样品的工业分析及元素分析结果如表3.1所示,从中可以看出,泥炭的挥发分产率(V_{daf})远大于 40 %,氢(H_{daf})含量和氧(O_{daf})含量高,低变质特征十分明显。

表3.1 泥炭样品的工业分析及元素分析 (w %)

M_{ad}	A_d	V_{daf}	FC_{daf}	C_{daf}	H_{daf}	N_{daf}	O^*_{daf}	$S_{t,d}$
15.22	15.78	66.96	33.04	43.06	5.24	0.96	50.23	0.51

*表示由差减法得到。

泥炭样品的灰成分分析如表3.2所示,从中可以看出,泥炭中含有大量的Ca系和Fe系化合物。Fe系化合物已被证明能够在活性炭制备过程中促进活化反应和调节孔隙结构[2]，Ca系化合物则被直接证明利于提高泥炭制备活性炭的活化反应速率，促进活性炭扩孔[3]。

表3.2　泥炭灰样的主要成分　　　　　　　　（w %）

CaO	SiO$_2$	Fe$_2$O$_3$	Al$_2$O$_3$	SO$_3$	MgO	TiO$_2$	K$_2$O	P$_2$O$_5$	MnO	Na$_2$O
24.88	23.69	21.23	13.17	10.38	2.05	1.37	1.33	0.85	0.48	0.27

泥炭样品的工艺性质分析结果如表3.3所示，从表中可以看出，泥炭的热值较低，按GB/T 15224.3—2022分级，属于低热值煤；燃点低，若进行低温氧化，温度不宜超过200 ℃；灰熔融软化区间温度（DT–ST）低于100 ℃，属于短渣煤；低温干馏产物分布中，热解水、煤气和焦油占有较大比例。

表3.3　泥炭样品的工艺性质分析

$Q_{net,v,ad}$/ (kJ·g^{-1})	燃点/ ℃	灰熔融性特征温度/℃				格金低温干馏产物产率/%			
		DT	ST	HT	FT	焦油	半焦	煤气	热解水
14.51	266	1 135	1 233	1 259	1 312	5.68	51.18	16.36	11.56

泥炭样品的植物有机组成分析结果如表3.4所示，从表中可以看出，泥炭中仍含有一定量的植物有机组成，体现了"年老生物质"的特征。

表3.4　泥炭样品的主要有机组成

综纤维素/%	多戊糖/%	木质素及其衍生物/%	
		酸不溶	酸溶
12.08	4.59	58.14	3.37

泥炭样品的FTIR谱图如图3.1所示。根据有机波谱理论[4]，红外光谱分为官能团区和指纹区，二者以1 300 cm^{-1}为分界线，较低波数为指纹区，较高波数为官能团区，在官能团区得到的信息应与指纹区相呼应。解析图3.1中的图谱，得到官能团区和指纹区的吸收峰信息，如表3.5所示。

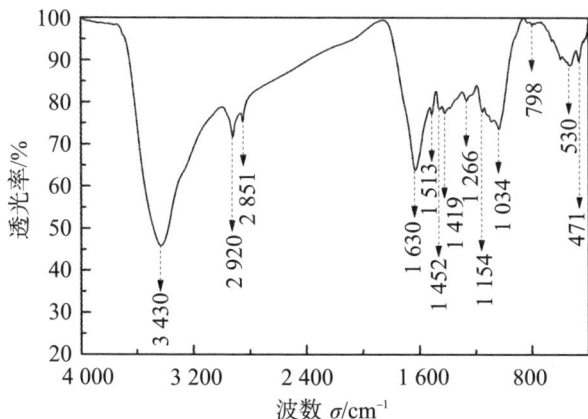

图3.1　泥炭样品的FTIR谱图

从表3.5中可以看出，泥炭样品在FTIR谱图官能团区的羟基（—OH）、羰基（>C=O）吸收峰信息能与指纹区的碳氧吸收带信息呼应，亚甲基（—CH$_2$—）和甲基（—CH$_3$）信息能与指纹区的苯环取代信息呼应。因此，可以判定泥炭样品的表面主要含有羟基（—OH）、羰基（>C=O）、亚甲基（—CH$_2$—）和甲基（—CH$_3$）官能团。其中，已有研究证明[5]，羰基（>C=O）可为化学活化法制备活性炭提供活性位点。

表3.5　泥炭样品的FTIR谱图解析

	波数及可能的官能团						
	34 30 cm⁻¹	2 920 cm⁻¹	2 851 cm⁻¹	1 630 cm⁻¹	1 513 cm⁻¹	1 452 cm⁻¹	1 419 cm⁻¹
官能团区	—OH —NH₂ —NH—	—CH₃ —CH₂—	—CH₂—	>C=O —C=C— 苯环 杂芳环 >C=N >N=O	苯环 杂芳环 >C=N >N=O	苯环 杂芳环 >C=N >N=O	—CH₃
	1 266 cm⁻¹	1 154 cm⁻¹	1 034 cm⁻¹	798 cm⁻¹	530 cm⁻¹	471 cm⁻¹	
指纹区	羧酸酯的 C—O—C 吸收	酚的 C—O 吸收	醇的 C—O 吸收	苯环取代	卤化物	卤化物	

3.2　主要化学试剂及仪器

本文研究过程涉及的主要化学试剂及仪器如表3.6和表3.7所示。

表3.6　主要实验化学药品

名称	规格	生产厂家
盐酸	分析纯	北京化工厂
硫酸	分析纯	国药集团化学试剂有限公司
磷酸	分析纯	天津市光复科技发展有限公司
碘	分析纯	天津市光复科技发展有限公司
碘化钾	化学纯	天津市光复科技发展有限公司
硫代硫酸钠	分析纯	北京化工厂
淀粉	分析纯	西陇化工股份有限公司
亚甲蓝	分析纯	西陇化工股份有限公司
磷酸二氢钾	分析纯	国药集团化学试剂有限公司
磷酸氢二钠	分析纯	国药集团化学试剂有限公司
硫酸铜	分析纯	北京市朝阳区中联化工试剂厂
重铬酸钾	分析纯	北京化工厂

续表

名称	规格	生产厂家
葡萄糖	分析纯	北京化工厂
碳酸钠	分析纯	北京刘李店化工厂
氯化铵	分析纯	国药集团化学试剂有限公司
丙三醇	分析纯	北京化工厂
碳酸氢钠	分析纯	天津市光复科技发展有限公司
亚硝酸钠	分析纯	成都科龙化工试剂厂
乙醇	分析纯	北京化工厂

表3.7 主要实验仪器及设备

名称	型号	生产厂家
全自动气体吸附分析仪	Autosorb-iQ	Quantachrome Instruments
元素分析仪	Elementar vario MACRO	Elementar
热分析仪	STA 449 F5	NETZSCH
X射线衍射仪	X' Pert3 Power	PANalytical
X射线荧光分析仪	ZSXPrinus	Rigaku
场发射扫描电子显微镜	Sirion 200	FEI
傅里叶变换红外光谱仪	FTIR NICOLET iS10	Thermo Fisher Sciencific
拉曼光谱仪	inVia	Renishaw
分光光度计	UV4100	HITACHI
管式电炉	R50/500/12	Nabertherm

3.3 炭化料及活性炭样品的制备

3.3.1 炭化料的制备

将空气干燥泥炭样或浸渍磷酸泥炭样研磨至90%小于
0.074 mm，使用液压机(滕州市卡维机械设备有限公司，YM–20T)

在自制模具下制成直径为25 mm、厚度为8 mm的饼状料块，晾置12 h后破碎成3～10 mm的不规则颗粒（简称"颗粒料"）。将颗粒料置于管式炉（Nabertherm，R50/500/12）中，在100 mL/min的N_2气流保护下热解制备炭化料。

以浸渍磷酸泥炭样制备炭化料时，从管式炉中获得的初始炭化料还需用90 ℃去离子水反复漂洗至漂洗液呈中性，然后烘干至恒重以备用。

通过下式计算炭化得率（carbonization yield，CY）：

$$CY = \frac{m_c}{m_o} \times 100\% \tag{3.1}$$

式中：m_o为绝干泥炭质量，单位g；m_c为炭化料质量，单位g。

3.3.2 物理活化法制备活性炭样品

将泥炭颗粒料置于管式炉（Nabertherm，R50/500/12）中，在100 mL/min的N_2气流保护下完成炭化后，以10 ℃/min升温至预定温度，通入一定剂量的活化剂（水蒸气或CO_2）活化至预定时间。

通过下式计算活化烧失率（burning off，B）：

$$B = \left(1 - \frac{m_{ac}}{m_c}\right) \times 100\% \tag{3.2}$$

式中：m_{ac}为活性炭质量，单位g；m_c为炭化料质量，单位g。

3.3.3 化学活化法制备活性炭样品

将泥炭颗粒料置于管式炉（Nabertherm，R50/500/12）中，在100 mL/min N_2保护下以5 ℃/min升温至预定温度，并活化至预定时间，取出冷却后，用90 ℃去离子水反复漂洗至漂洗液呈中性，110 ℃烘干至恒重。

通过下式计算活化产率（activation yield，Y）：

$$Y = \frac{m_{ac}}{m_o} \times 100\% \tag{3.3}$$

式中：m_{ac} 为活性炭质量，单位 g；m_o 为绝干泥炭质量，单位 g。

3.4　泥炭、炭化料及活性炭样品的表征方法

3.4.1　热重分析（TGA）

利用 TG–DSC 同步热分析仪（NETZSCH，STA 449 F5）考察泥炭样品、浸渍磷酸泥炭样品和炭化料在炭化/活化过程的反应性，样品烘干预处理，研磨至 90 % 小于 0.074 mm，测试用量约为 10 mg，气氛为 N_2 或 CO_2，气流量为 50 mL/min，温度范围为室温至 1000 ℃ 或 600 ℃，升温速率为 3、5、10、30 ℃/min。采用 Proteus Analysis 软件进行数据分析。

3.4.2　X 射线衍射（XRD）

使用 X 射线衍射仪（PANalytical，X' Pert3 Power）测定炭化料样品的微晶结构，样品粉磨至 0.045 mm，测试条件为：Cu 靶，K α 辐射 λ=0.150 46 nm，光源电压为 40 kV，电流为 150 mA，扫描速度为 5 ℃/min，扫描范围 10°～85°（2θ）。运用 Jade 6.0 软件解析图谱，测出 (002) 和 (100) 峰的位置和峰宽，计算微晶结构参数：两相邻炭层间距 d_{002}、层面直径 L_a、层片堆积高度 L_c、石墨化度 g，计算方法如下：

$$d_{002} = \frac{\lambda}{2 \sin \theta_{(002)}} \tag{3.4}$$

$$L_a = \frac{K_2 \lambda}{\beta_{(100)} \cos \theta_{(100)}} \tag{3.5}$$

$$L_c = \frac{K_1\lambda}{\beta_{(002)}\cos\theta_{(002)}} \qquad (3.6)$$

$$g = \frac{a_1 - d_{(002)}}{a_1 - a_2} \qquad (3.7)$$

式中：λ为X射线的波长，对于Cu Kα，λ=0.15 406 nm；$\beta_{(002)}$、$\beta_{(100)}$分别为XRD图谱(002)峰和(100)峰的半宽高；$\theta_{(002)}$、$\theta_{(100)}$分别为XRD图谱(002)峰和(100)峰的衍射角半角；K为计算系数，其中K_1=0.9，K_2=1.84；a_1为完全无序状态下的炭层间距，a_1=0.38 nm；a_2为石墨单晶的层间距，a_2=0.335 4 nm。

3.4.3　激光拉曼光谱(Raman)

利用拉曼光谱仪(Renishaw，inVia)测定炭化料及活性炭样品的碳结构，光谱重复性小于等于±0.15 cm^{-1}，光谱分辨率为1 cm^{-1}，光谱范围800~2 000 cm^{-1}，采用氩离子激光，激光波长为532 nm。在显微镜观察下随机选取待测样品的2个不同位置聚焦测试，取2次测试的平均值进行定量分析。

由于炭料中无序化碳的拉曼光谱特征峰会重叠隐藏在图谱中，需要进行分峰拟合才能获得定量参数。本书按文献[6-7]方法采用5个峰(D_1、D_2、D_3、D_4和G)拟合拉曼谱图，其中4个峰用Lorentz函数拟合(D_2、G、D_1和D_4)，1个峰用Gaussian函数拟合(D_3)[6-8]，各拟合峰谱带概况如表3.8所示。

表 3.8　炭样拉曼光谱的拟合峰谱带

峰名	峰位移/cm^{-1}	结构描述	杂化形式
G	1590	理想石墨晶体层片碳原子的 E_{2g} 模振动[7],规则石墨碳晶体结构[9-10]	sp^2
D$_1$	1340	石墨晶格的 A_{1g} 模振动[7,11],由缺陷或杂原子造成的散乱石墨层结构[9-10],大于 6 个环的稠环芳香结构[12-14]	sp^2
D$_2$	1620	石墨晶格的 E_{2g} 模振动[7],存在于石墨晶体层间的不规则层[9]	sp^2
D$_3$	1500	由有机分子或官能团碎片构成的不定形结构[6,9]	sp^2,sp^3
D$_4$	1200	碳结晶外围的 sp^2-sp^3 混合位点[6,15],化学反应活性位点的碳结构[6,15]	sp^2-sp^3

拟合示例如图 3.2 所示（实线表示原谱峰，虚线表示拟合峰）。

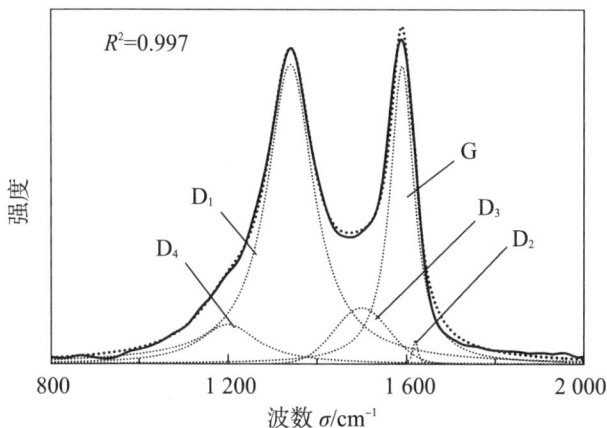

图 3.2　拉曼谱图拟合示例

3.4.4　傅里叶变换红外光谱（FTIR）

利用傅里叶变换红外光谱仪（Thermo Fisher Sciencific，Nicolet iS10 FTIR）测定炭化料及活性炭样品的表面化学，样品烘干预处理，采用KBr压片法，样品与KBr比例为1∶160，使用DTGS检测器，测试范围为4 000～400 cm^{-1}，扫描次数32次，分辨率为4 cm^{-1}。

3.4.5　扫描电子显微镜（SEM）

利用场发射扫描电子显微镜（FEI，Sirion 200）观察炭化料及活性炭的微观形貌，电镜加速电压为5.0 kV，放大倍数为5万倍或10万倍，样品粉磨至小于0.2 mm并进行喷金前处理，采取随机抓拍方式获取形貌图片。

3.4.6　比表面积及孔结构分析

利用气体吸附仪（Quantachrome，Autosorb–iQ）测定活性炭的N$_2$吸附–脱附等温线，测定相对压力P/P_0=1×10^{-7}～1。测试前将活性炭样品粉磨至0.074 mm，在300 ℃下真空脱气3 h。比表面积由多点BET模型得出，孔径分布采用骤冷固体密度函数理论（QS-DFT模型）计算得出。

3.4.7　碘吸附值

按照《煤质颗粒活性炭试验方法　碘吸附值的测定》（GB/T 7702.7—2023）测定活性炭样品的碘吸附值。方法要点：将研磨至90 %小于0.075 mm的活性炭样品预先在150±5 ℃烘干3 h，经盐酸微沸处理30 s后冷却至室温，加碘标准溶液快速振荡30 s后过滤，在淀粉指示剂下用硫代硫酸钠滴定滤液至终点，取不同质量样品完成3组测试，炭样质量必须保证滤液浓度在0.008～0.040 mol/L范围内。

碘吸附值以E_I计，数值用毫克每克(mg/g)表示，按下式计算：

$$E_I = \frac{X}{m} \tag{3.8}$$

式中：X 为吸附碘量，单位 mg；m 为活性炭的质量，单位 g。

吸附碘量的计算式如下：

$$X = \left(c_1 V_1 - \frac{V_1 + V_2}{V} c_2 V_3 \right) \times M \qquad (3.9)$$

式中：c_1 为碘标准溶液的浓度，单位 mol/L；V_1 为碘标准溶液的体积，单位 mL；V_2 为加入盐酸溶液的体积，单位 mL；V 为滤液的体积，单位 mL；c_2 为硫代硫酸钠标准溶液的浓度，单位 mol/L；V_3 为硫代硫酸钠标准溶液的体积，单位 mL；M 为碘的摩尔质量 $[M(\frac{1}{2} I_2) = 126.9]$，单位 g/mol。

3.4.8　亚甲蓝吸附值

按照《煤质颗粒活性炭试验方法　亚甲蓝吸附值的测定》（GB/T 7702.6—2008）测定活性炭样品的亚甲蓝吸附值。测试要点：将研磨至 90 % 小于 0.045 mm 的活性炭样品预先在 150±5 ℃烘干 2 h，取 0.1 g±0.000 4 g 置于 100 mL 具塞磨口锥形瓶中，加入 5～15 mL 亚甲蓝溶液振荡 30 min 后过滤，在 665 nm 波长下以去离子水为参比液测定吸光度，调整亚甲蓝溶液的加入体积，直至滤液的吸光度与硫酸铜标准溶液的吸光度差值在 ±0.020 范围。

亚甲蓝吸附值以 E_{MB} 计，数值以毫克每克（mg/g）表示，按下式计算：

$$E_{MB} = \frac{\rho V}{m} \qquad (3.10)$$

式中：ρ 为亚甲蓝溶液的浓度，单位 mg/mL；V 为亚甲蓝溶液的体积，单位 mL；m 为活性炭样品的质量，单位 g。

3.4.9　焦糖脱色率

按照《煤质颗粒活性炭试验方法 焦糖脱色率的测定》（GB/T 7702.18—2008）测定活性炭样品的焦糖脱色率。测试要点：采用B法制备焦糖原液，将研磨至90%小于0.071 mm的活性炭样品预先在150±5 ℃烘干2 h，准确称取0.350 g置于100 mL锥形瓶中，移取入25 mL焦糖试验液并缓慢摇动至活性炭完全浸湿，沸水浴加热30 min后过滤、冷却，以去离子水为参比液在426 nm波长下测定吸光度，并行做空白液实验测定空白液的吸光光度值。

焦糖脱色率以ω计，数值以%（质量分数）表示，按下式计算：

$$\omega = \frac{\rho_0 - (A_x/A) \times \rho}{\rho_0} \tag{3.11}$$

式中：ρ_0为焦糖试验液浓度，ρ_0=34 mg/mL；A_x为滤液的吸光度；A为空白试验液的滤液吸光度，A=0.524；ρ为空白试验液浓度，ρ=2 mg/mL。

3.5　本章小结

（1）本章对研究所用的泥炭样品进行了深度表征，给出了煤质、植物有机组成、表面化学等分析结果。

（2）本章汇总了研究涉及的主要化学试剂和仪器设备。

（3）本章概述了以泥炭为原料制备炭化料及活性炭样品的过程，并对样品表征方法进行了详细说明。

参考文献

[1] 刘龙材. 中国·贵州地质矿产资源[M]. 贵阳：贵州教育出版社，1999.

[2] 姚鑫. 压块工艺条件下煤基颗粒活性炭的孔结构调控研究[D]. 北京：中国矿业大学（北京），2015.

[3] VEKSHA A, SASAOKA E, UDDIN M A. The effects of temperature on the activation of peat char in the presence of high calcium content[J]. Journal of Analytical and Applied Pyrolysis, 2008,83(1):131-136.

[4] 宁永成. 有机波谱学谱图解析[M]. 北京：科学出版社, 2010.

[5] CHUNLAN L, SHAOPING X, YIXIONG G, et al. Effect of pre-carbonization of petroleum cokes on chemical activation process with KOH[J]. Carbon, 2005,43(11):2295-2301.

[6] SHENG C. Char structure characterised by Raman spectroscopy and its correlations with combustion reactivity[J]. Fuel, 2007,86 (15):2316-2324.

[7] SADEZKY A, MUCKENHUBER H, GROTHE H, et al. Raman microspectroscopy of soot and related carbonaceous materials: spectral analysis and structural information[J]. Carbon, 2005,43(8):1731-1742.

[8] JAWHARI T, ROID A, CASADO J. Raman spectroscopic characterization of some commercially available carbon black materials[J]. Carbon, 1995,33(11):1561-1565.

[9] 林雄超, 王彩红, 田斌, 等. 脱灰对两种烟煤半焦碳结构及 CO_2 气化反应性的影响 [J]. 中国矿业大学学报, 2013(06): 1040-1046.

[10] WANG B, SUN L, SU S, et al. Char structural evolution during pyrolysis and its influence on combustion reactivity in air and oxy-fuel conditions[J]. Energy & Fuels, 2012,26(3):1565-1574.

[11] 任桂知, 陈淙洁, 邓李慧, 等. 拉曼光谱分析炭纤维表面的微观结构(英文)[J]. 新型炭材料, 2015, 30(5):476-480.

[12] TAY H, LI C. Changes in char reactivity and structure during the gasification of a Victorian brown coal: comparison between gasification in O_2 and CO_2[J]. Fuel Processing Technology, 2010, 91(8):800-804.

[13] ZHANG S, MIN Z, TAY H, et al. Effects of volatile-char interactions on the evolution of char structure during the gasification of Victorian brown coal in steam[J]. Fuel, 2011, 90(4): 1529-1535.

[14] 李霞, 曾凡桂, 王威, 等. 低中煤级煤结构演化的拉曼光谱表征[J]. 煤炭学报, 2016, 35(9):2298-2304.

[15] SFORNA M C, VAN ZUILEN M A, PHILIPPOT P. Structural characterization by Raman hyperspectral mapping of organic carbon in the 3.46 billion-year-old Apex chert, Western Australia[J]. Geochimica et Cosmochimica Acta, 2014, 124(1):18-33.

第4章 泥炭的炭化及炭化料在物理活化过程中的结构演变

4.1 引言

　　无论物理活化还是化学活化，炭化都是活性炭制备必经或伴随的过程。对于物理活化，炭化形成的"活化前驱体"是具有不同纳米尺度和完美度的"石墨层碎片"[1]，石墨层碎片的缺陷和不规则堆叠形成的初始孔隙[2]，为后续活化过程气-固两相反应提供了基本空间，进而可利用活化气体的种类、数量和活化温度与时间等把控"造孔"和"扩孔"比例，实现孔结构调控[3]。对于化学活化，炭化过程亦为活化过程，含碳原料与活化剂在特定的升温条件下发生复杂的化学反应，转化为含有大量活化剂及其衍生物的炭化料，经进一步除去活化剂及其衍生物后留下的空隙即为活性炭的孔结构[4]，炭化/活化过程直接影响了活性炭孔隙的发育及分布。

　　泥炭作为成煤母质，其炭化过程的基本行为应与煤炭类似，即是化学键的断裂和重组，最终获得气、液、固态产物。其中，固态产物（炭化料）往往还会继续参与后续的燃烧、气化、液化等热加工，其化学组成、微观结构、反应活性等会影响进一步加工转化的工艺[5]。迄今，已有大量关于升温速率[6-8]、炭化温度[9-10]、炭化时间[11-12]等炭化条件对煤焦结构性能影响的系统性研究，对泥炭炭化过程的热解动力学[8,13-14]及炭化气态、液态产物的研究[8]也已深入开展，然而，对炭化固态产物(炭化料)及炭化料经活化制备活性炭过程中组成、结构演变规律的研究仍鲜见报道。

本章对空气干燥泥炭样品进行了氮气氛围的热重分析，在不同的升温速率、炭化温度和炭化时间条件下制备炭化料，并对炭化料进行工业分析指标测定，采用了 XRD、FTIR、SEM 等手段进行表征，探讨炭化工艺参数对炭化料组成、微晶结构、表面化学及微观形貌的影响。在此基础上，选择部分炭化料进行水蒸气活化制备活性炭，测定活性炭样品的碘吸附值、亚甲蓝吸附值和焦糖脱色率等吸附性能指标，表征其孔结构、碳结构、表面化学和微观形貌，研究不同炭化程度炭化料演变为活性炭的过程中碳结构、表面化学等的变化特征及对活性炭孔结构发育的影响。研究结果从调节炭化过程及炭化料的角度完善了煤基活性炭孔结构调控技术及相关理论。

4.2 实验

4.2.1 泥炭样品

本章所用泥炭样品的采制过程及组成、性质详见第3章3.1节。

4.2.2 炭化料的制备

炭化料的制备方法见第3章3.3节，制备的主要工艺条件见表4.1。

表4.1　炭化料样品的制备工艺条件

样品编号	升温速率/ ($℃ \cdot min^{-1}$)	炭化温度/℃	炭化时间/min
PC1	3	600	30
PC2	5	600	30
PC3	10	600	30
PC4	30	600	30
PC5	5	400	30
PC6	5	450	30
PC7	5	500	30
PC8	5	550	30
PC9	5	650	30
PC10	5	700	30
PC11	5	600	10
PC12	5	600	60

4.2.3　活性炭的制备

活性炭的制备方法见第3章3.3节。本章重点考察不同炭化程度炭化料在物理活化过程中的组成、结构的变化特征，活化工艺参数固化为：活化温度850 ℃，活化时间120 min，水蒸气通量0.75 g/（g·char·h）。

4.2.4　样品表征

本章利用热重分析(TGA)考察泥炭样品炭化和活化过程的反应性，利用X射线衍射(XRD)分析炭化料的微晶结构，利用激光拉曼光谱(Raman)分析炭化料及活性炭的碳结构，利用傅里叶变换红外光谱(FTIR)分析炭化料及活性炭的表面化学，利用扫描电子显微镜(SEM)观察炭化料及活性炭的表观形貌,利用气体吸附仪(N_2-吸脱附)分析活性炭的比表面积及孔结构,测定了炭化料的工业分析指标和活性炭的碘吸附值、亚甲蓝吸附值、焦糖脱色率。表征方法说明详见第3章3.4节。

4.3　结果与讨论

4.3.1　泥炭的炭化过程分析

4.3.1.1　泥炭样品的热重分析

采用泥炭样在N_2氛围下的热重实验模拟泥炭颗粒料的炭化过程,泥炭样在4种不同升温速率下的TG曲线和DTG曲线如图4.1所示。

从图4.1中可以看出,泥炭的炭化过程大致可分为3个阶段:第一阶段为室温~200 ℃左右,出现了第一个失重峰,最大失重速率对应的温度为100 ℃左右,主要脱除孔隙中吸附的水分和气体。第二阶段为200~600 ℃,出现了第二个也是最大的失重峰,峰尖分形为两个,这种现象是由半纤维素(热分解温度150~350 ℃)和纤维素(热分解温度275~350 ℃)相对含量的不同引起的[15],是生物质热解的特征之一。这一阶段生成和排出了大量的挥发物,应以解聚和分解反应为主,最大失重温度在300 ℃左右,低于成型煤的最大失重温度(430~760 ℃)[8]。第三阶段室温高于600 ℃,出现了第三个失重峰,挥发物在700 ℃左右二次较大量析出,属于典型的缩聚反应特征,与成型煤缩聚成焦的温度区间(550~1000 ℃)[16]近似。

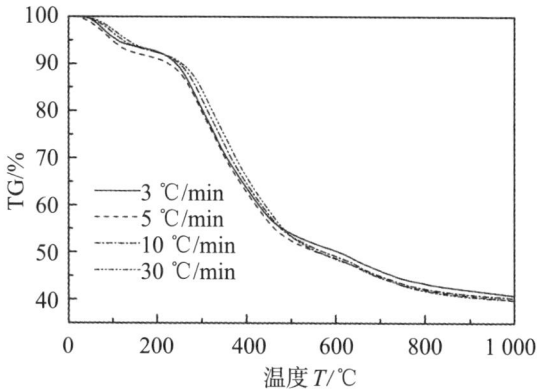

（a）TG曲线

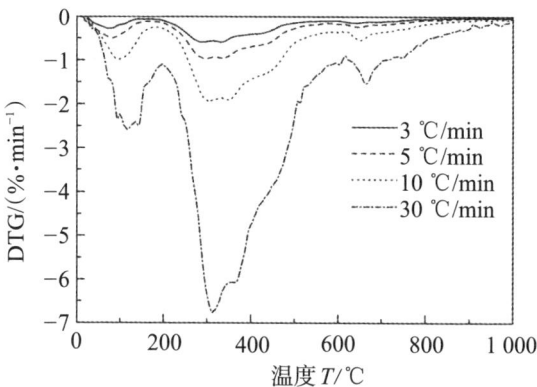

（b）DTG曲线

图4.1　泥炭样在不同升温速率下的TG、DTG曲线

解析图4.1中的TG、DTG曲线，可得泥炭在不同升温速率下炭化的热解特征参数，如表4.2所示。从表中可以看出，泥炭炭化第二阶段的失重率达42 %以上，是炭化反应的主要温度区，其失重峰温度随升温速率的升高而增大，说明炭化历程逐渐向高温区偏移。最大失重速率和失重率均随升温速率的升高而增大，固体

残余率逐渐降低，说明升温速率的增加缩短了泥炭炭化的温度-时间历程，使得泥炭颗粒在单位时间内获得的能量供应增大，从而加大了炭化反应的强度。

表4.2 泥炭样的热解特征参数

炭化阶段	升温速率/ (℃·min⁻¹)	失重峰 温度/℃	最大失重 速率 /(%·min⁻¹)	失重率/ %	固体残 余率/%
室温～ 200℃	3	77.2	0.29	7.40	92.60
	5	83.2	0.51	8.42	91.58
	10	96.8	1.02	7.59	92.41
	30	115.6	2.68	7.61	92.39
200～ 600℃	3	286.4	0.59	42.35	50.25
	5	290.8	0.98	42.39	49.19
	10	301.5	1.95	43.25	49.16
	30	313.4	6.77	43.82	48.57
>600℃	3	642.8	0.15	9.41	40.84
	5	653.5	0.25	8.84	40.35
	10	648.5	0.56	8.87	40.29
	30	664.6	1.52	8.62	39.95

进一步将泥炭炭化第二阶段分解为200～300 ℃、300～400 ℃、400～500 ℃和500～600 ℃共4个温度段，并解析各温度段的失重率，结果如表4.3所示。

表4.3 泥炭样200～600 ℃的失重分析

升温速率/ (°C·min⁻¹)	失重率/%			
	200～300 ℃	300～400 ℃	400～500 ℃	500～600 ℃
3	12.15	16.86	9.64	3.70
5	11.24	17.10	10.29	3.76
10	9.91	17.91	11.21	4.20
30	7.88	18.55	12.59	4.80

从表4.3可以看出，在200～300 ℃温度段，泥炭炭化的失重率随升温速率的升高而减小；高于300 ℃以后才随升温速率的升高而增大，说明升温速率的提高对泥炭炭化反应的强化作用主要在较高温度时实现，慢速炭化的过程中泥炭颗粒在低温区受热时间长，孔隙结构及有机分子结构均有较充足的时间调整、协调体系受热吸收的能量，反而有利于炭化较为充分地进行。

上述泥炭样的炭化规律对开发泥炭基工业产品具有较好的科学启示，如采用物理活化法制备泥炭基活性炭时，炭化过程就应以较低的升温速率进行，这样既可以保障在较低温度区间充分热解，又能避免在较高温度区间过度热解，利于获得碳骨架稳定、碳结构无序的优质炭素前驱体。这也是本章和第5章制备泥炭基活性炭时，选择炭化升温速率的依据。

4.3.1.2 炭化料的化学组成

泥炭的炭化产率（CY）及炭化料的工业分析结果如表4.4所示。从表中可以看出，随着升温速率的增加，炭化产率（CY）逐渐降低，与热重分析的固体残余率变化趋势相同；炭化料的灰分产率（A_d）逐渐增大，说明炭化料中有机组分含量逐渐减小，炭化程度加深；挥发分产率（V_{daf}）先减小后增大，说明炭化料的有机组成受炭化第二阶段低温段（$T<300$ ℃）的影响较大，由热重分析可

知，此时升温速率越大炭化越不充分，固体产物的残留挥发分会越高，3 ℃/min升温速率下固体产物挥发分最高的原因与其高温段（$T>300$ ℃）炭化程度过低有关。随着炭化温度和炭化时间的增加，炭化产率（CY）逐渐减小，炭化料的挥发分（V_{daf}）逐渐减小，固定碳（FC_{daf}）逐渐增大，符合煤化学基本规律。

表4.4　泥炭的炭化产率及炭化料的工业分析

样品	升温速率/ (℃·min⁻¹)	炭化温度/℃	炭化时间/min	CY/%	M_{ad}/%	A_d/%	V_{daf}/%	FC_{daf}/%
PC1	3			51.23	1.27	29.99	21.10	78.90
PC2	5	600	30	50.91	0.94	30.44	18.83	81.17
PC3	10			49.87	1.07	30.68	19.54	80.46
PC4	30			49.56	1.18	31.25	20.88	79.12
PC5		400		57.88	2.05	26.34	34.21	65.79
PC6		450		55.16	1.84	27.77	29.55	70.45
PC7		500		54.20	1.55	28.42	26.58	73.42
PC8	5	550	30	52.87	1.24	29.65	22.12	77.88
PC2		600		50.91	0.94	30.44	18.83	81.17
PC9		650		48.89	0.55	31.06	16.91	83.09
PC10		700		47.59	0.43	32.77	10.95	89.05
C11			10	51.20	1.25	30.25	22.39	77.61
PC2	5	600	30	50.91	0.94	30.44	18.83	81.17
PC12			60	50.24	0.83	30.57	18.60	81.40

4.3.1.3　炭化料的微晶结构

泥炭炭化料的XRD谱图如图4.2所示，谱图中的（002）峰反映了芳香层片的平行定向程度，(100)峰反映了芳香层片的大小[8]。

从图4.2中可以看出，炭化料(002)峰和(100)峰的峰形随升温速率
的变化并不明显，随炭化温度的升高，较低温度时(T<550 ℃)
的变化也不明显，较高温度时(T>550 ℃)逐渐变得尖锐。随着炭
化时间的增加，炭化料的(002)峰明显由宽缓变得尖锐,(100)峰略
有尖锐化趋势。

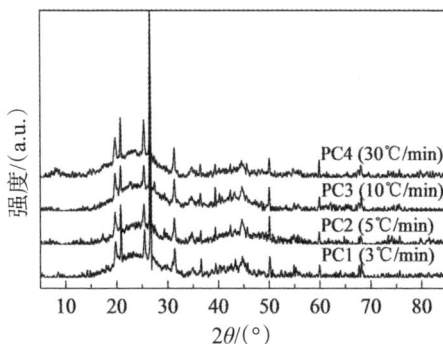

（a）不同升温速率

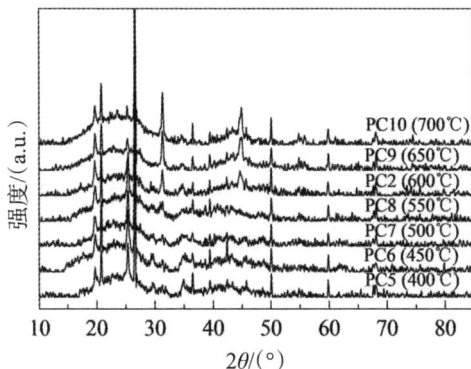

（b）不同炭化温度

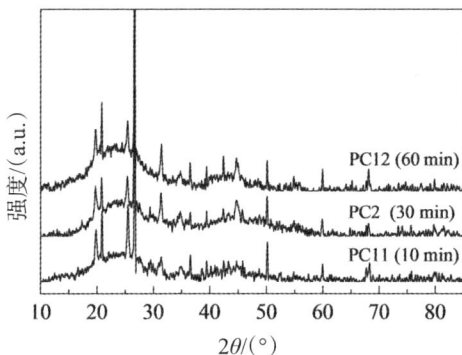

（c）不同炭化时间

图4.2　泥炭炭化料的XRD图谱

解析图4.2，得出泥炭炭化料微晶结构的两相邻炭层间距 d_{002}、层面直径 L_a、层片堆积高度 L_c 的值，并计算出石墨化度 g，结果如表4.5所示。

由表4.5可以看出，炭化料的两相邻炭层间距 d_{002} 的变化规律与前文所述挥发分（V_{daf}）的变化规律一致，即：随着炭化温度和炭化时间的增加，炭化料发生了规律性的两相邻炭层间距 d_{002} 逐渐减小，微晶尺寸 L_a、L_c 逐渐增大的空间结构变化，石墨化度 g 逐渐增大；随着炭化升温速率的增加，两相邻炭层间距 d_{002} 先减小后增加，在5 ℃/min时取得极小值，相应的微晶尺寸 L_a、L_c 及石墨化度 g 先增加后减小（L_a 在10 ℃/min时略有跳跃，可能是测量误差导致）。炭化料的微晶结构与有机组成一样，均由炭化反应历程决定。

表4.5　泥炭炭化料的微晶尺寸和石墨化度

样品	升温速率/ (℃·min⁻¹)	炭化温度/℃	炭化时间/min	d_{002}/ nm	L_c/ nm	L_a/ nm	g
PC1	3			0.3649	0.9929	2.1279	0.3395
PC2	5			0.3632	1.2036	2.2452	0.3756
PC3	10	600	30	0.3636	1.1688	2.4059	0.3687
PC4	30			0.3641	1.1211	2.0667	0.3555
PC5		400		0.3747	0.9800	1.7700	0.1193
PC6		450		0.3703	0.9880	1.7815	0.2177
PC7		500		0.3696	1.0402	1.9217	0.2330
PC8	5	550	30	0.3672	1.1586	2.0790	0.2865
PC2		600		0.3632	1.2036	2.2452	0.3756
PC9		650		0.3596	1.5539	2.3597	0.4566
PC10		700		0.3516	1.6046	2.4956	0.6378
PC11			10	0.3647	1.0889	2.1236	0.3437
PC2	5	600	30	0.3632	1.2036	2.2452	0.3756
PC12			60	0.3605	1.2167	2.5525	0.4373

4.3.1.4　炭化料的表面化学

　　泥炭炭化料的FTIR谱图如图4.3所示，从中可以看出，在官能团区3 200～3 650 cm⁻¹范围有较强的醇和酚的羟基(—OH)特征吸收峰、1 500～2 000 cm⁻¹范围有明显的羰基(>C=O)吸收峰，在指纹区1 050～1 250 cm⁻¹处有碳氧吸收带与官能团区的特征吸收峰相呼应，可以判断炭化料表面存在缔合羟基（—OH）和羰基（>C=O）官能团。

煤化学理论指出[8, 16]，煤中含氧官能团的热稳定顺序为（—OH）＞（>C=O）＞（—COOH）＞（—OCH₃），羟基不易受热脱除。泥炭炭化料的表面官能团中羟基的吸收峰强度随炭化条件的变化未显示明显渐变规律。炭化料的羰基吸收峰强度随炭化温度和炭化时间的增加逐渐减弱；随炭化升温速率的增加未有明显变化，但峰位移向高波数区偏移，前一现象由炭化强度的增大引起，与文献[17]发现一致，后一现象可能与某些吸电子基团还未脱除有关。

羰基官能团（>C=O）能为活性炭制备的活化反应提供活性位点[18]，了解其变化规律对定向制备泥炭基活性炭有一定的参考价值。

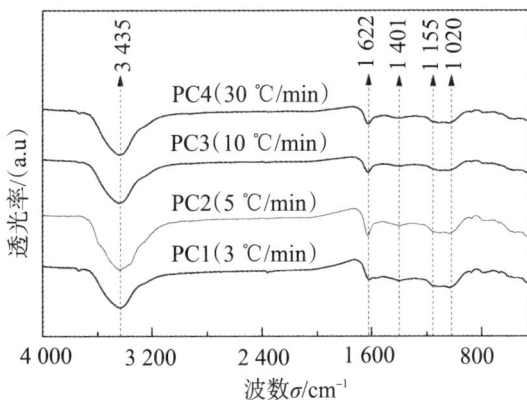

（a）不同升温速率

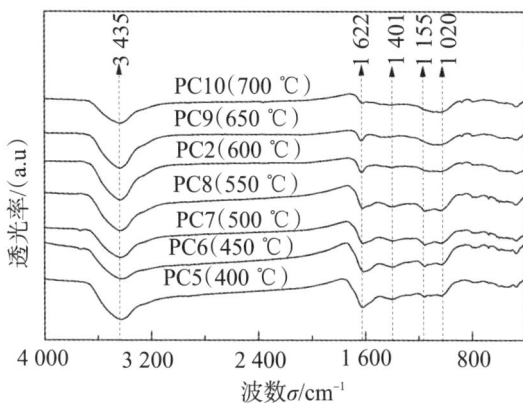

（b）不同炭化温度

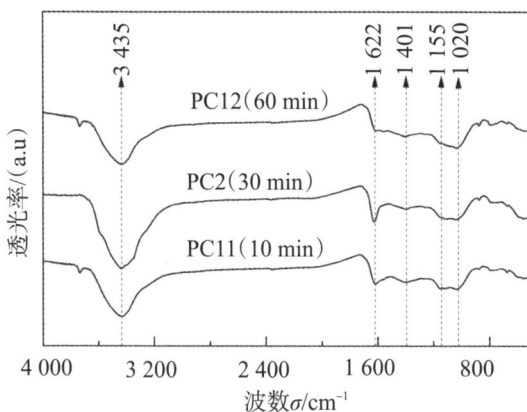

（c）不同炭化时间

图4.3　泥炭炭化料的FTIR图谱

4.3.1.5　炭化料的微观形貌

泥炭炭化料的扫描电子显微镜（SEM）图像如图4.4所示，放大倍数均为5万倍。从图4.4中可以看出，炭化料的表面较为粗糙，呈杂乱无章的片层堆垛状。随着炭化升温速率的增加（图像依次

为图（a）～（d）），5 ℃/min时，图(b)所得炭化料的表观最为平整
和紧凑，说明其炭化过程较为温和和充分，进一步印证了热重分
析、工业分析和微晶结构分析结果。随着炭化温度的升高(图像依
次为图（e）～图（h）、图（b）、图（i）、图（j）），炭化料表观
的堆垛层片整体呈减少、变大、缩紧的趋势，终温最高时
（700 ℃，图(j)）最为平整和致密，热缩聚留下的初始孔清晰可
见，随着炭化时间的增加（图像依次为图（k）、图（b）、图（l））
也呈现出相同的变化规律。

（a）PC1　　　　（b）PC2　　　　（c）PC3

（d）PC4　　　　（e）PC5　　　　（f）PC6

（g）PC7　　　　（h）PC8　　　　（i）PC9

（j）PC10　　　　（k）PC11　　　　（l）PC12

图4.4　泥炭炭化料的SEM图像

4.3.2　炭化料的气体活化过程分析

利用CO_2氛围下的热重实验模拟泥炭炭化料的气体活化过程，升温速率设定为10 ℃/min，所选炭化料编号为PC8(制备条件见4.2.2节)，得到TG–DTG曲线如图4.5所示。

从图4.5中可以看出，炭化料在600 ℃之前除了出现微弱的水分失重峰外，再无明显失重，说明炭化料的炭化程度已经足够高，有机结构的稳定性较好，体现出一定的反应惰性。

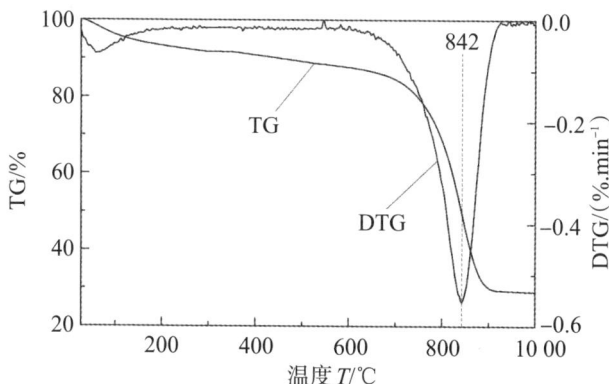

图4.5　泥炭炭化料在二氧化碳气氛下的TG–DTG曲线

解析图4.5中的TG–DTG曲线，得出泥炭炭化料CO_2活化过程的部分热解特征参数，如表4.6所示。从表中可以看出，泥炭炭化料在二氧化碳作用下发生活化反应的主要温度区间为740～900 ℃，这为采用物理活化工艺制备泥炭基活性炭提供了很好的温度参数设定参考，也是本章和第5章制备泥炭基活性炭时选择活化温度范围的依据。

表4.6 泥炭炭化料二氧化碳活化过程的热解特征参数

起始温度/℃	终止温度/℃	失重峰温度/℃	最大失重速率/(%·min^{-1})	失重率/%
740.70	901.70	842.30	5.47	59.59

4.3.3 炭化料–活性炭的结构演变规律

4.3.3.1 炭化程度对活化烧失率和活性炭吸附性能的影响

分别以炭化料PC6、PC7、PC8、PC2为活化前驱体（炭化温度依次为450 ℃、500 ℃、550 ℃、600 ℃，炭化时间30 min，升温速率5 ℃/min）制得活性炭PAC1、PAC2、PAC3、PAC4，活化烧失率及吸附性能指标如表4.7所示。其中，烧失率的计算方法详见第3章3.3节。

表4.7 活化烧失率及活性炭样品的吸附性能指标

样品	烧失率/%	碘吸附值/（mg·g^{-1}）	亚甲蓝吸附值/（mg·g^{-1}）	焦糖脱色率/%
PAC1	55.34	454	86	25
PAC2	54.73	417	72	35
PAC3	54.06	421	74	33
PAC4	48.25	412	74	33

从表4.7中可以看出，活性炭的活化烧失率均大于或接近于50 %。按照杜比宁（Dubinin）理论，烧失率小于50 %时得到以微孔为主的活性炭，烧失率50 %～75 %时得到大孔、中孔和微孔混合结构的活性炭，烧失率为大于75 %时得到大孔活性炭[6]，所得活性炭样品应以大孔、中孔和微孔混合结构为主。活化烧失率随炭化温度的升高而减小，说明炭化料的炭化深度决定了活性炭的活化烧失程度。

活性炭的碘吸附值、亚甲蓝吸附值和焦糖脱色率指标可分别与其半径约为0.55 nm、0.8 nm及大于1.4 nm的孔隙发达程度相对应[19-20]，故通常分别用于表征活性炭的微孔、中微孔和中大孔的发达程度。

从表4.7中可以看出，活性炭的碘吸附值和亚甲蓝吸附值先明显降低然后趋于平衡，焦糖脱色率先明显升高然后也趋于平衡，说明随着炭化料炭化程度的加深，活性炭微孔和中微孔的发育程度会有所降低，但微孔、中微孔和中大孔的整体发育更加均衡。

4.3.3.2　炭化程度对活性炭孔结构发育的影响

活性炭样品的N_2吸附–脱附等温线如图4.6所示。根据国际纯化学和应用化学学会（IUPAC）的分类，活性炭的吸附等温线属于Ⅳ型，回滞环的出现说明其孔隙结构中存在中、大孔。

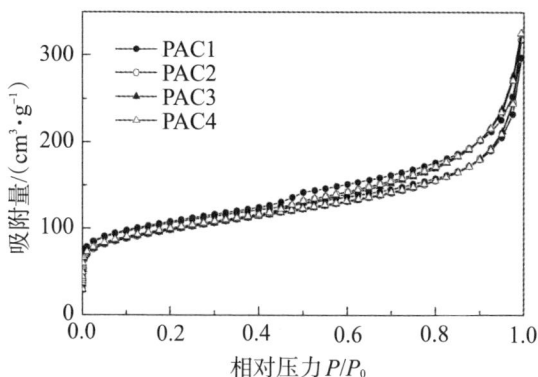

图4.6　活性炭的N_2吸附–脱附等温线

解析图4.6中的吸附等温线，得出活性炭样品的孔结构参数，如表4.8所示。从表中可以看出，泥炭基活性炭的中孔率大于68 %，平均孔径大于5 nm，属于中大孔发达的活性炭。活性炭样品2～5 nm孔容占总孔容积的比率大于18 %，占中孔容积的比率

大于24%，2～5 nm孔的发育优势明显，符合垃圾焚烧烟道气净
化用活性炭的基本孔结构特征。

表4.8　活性炭的孔结构参数

样品	$S_{BET}/$ $(m^2 \cdot g^{-1})$	比孔容/$(cm^3 \cdot g^{-1})$				比孔容率/%		2～5 nm孔 的中孔占 比/%	D_{ave}
		V_t	V_{micro}	V_{meso}	V_{2-5}	中孔	2～5 nm 孔		
PAC1	437	0.459	0.124	0.316	0.095 8	68.82	20.86	30.32	5.20
PAC2	388	0.492	0.109	0.363	0.097 1	73.81	19.74	26.75	5.62
PAC3	391	0.503	0.108	0.376	0.099 4	74.77	19.76	26.42	5.71
PAC4	399	0.504	0.111	0.375	0.093 5	74.42	18.55	24.92	5.63

注：S_{BET}为比表面积；V_t为总孔容积；V_{mic}为微孔容积；V_{meso}为中孔容积；V_{2-5}为2～5nm孔容积；D_{ave}为平均孔径。

从表4.8中还可以看出，随着炭化料炭化程度的加深（炭化温度的升高），活性炭样品的比表面积、总孔容和微孔容大致经历了从"跃变区"到"平台区"的演变：①跃变区（450～500 ℃）。比表面积、总孔容、中孔容和微孔容的值均发生明显升/降变化，比表面积和微孔容同步减小，总孔容和中孔容同步增大，说明比表面积的减小主要由微孔减容导致，总孔容的增加主要由中孔扩容引起。②平台区（高于500 ℃）。比表面积、总孔容、中孔容和微孔容的值均仅有小幅度增减波动，可认为已维持平衡。2～5 nm孔容随炭化温度的增加变幅不大，但比孔容率和占中孔的比率在大于550 ℃后（PAC3～PAC4）明显下降，说明炭化程度过高的炭化料对2～5 nm孔的发育不利。

以上"跃变区"和"平台区"的界定对于泥炭基活性炭孔结构的调控具有一定的指导意义，在跃变区可用于初步调控微孔、中孔等大孔段孔结构，平台区可用于精细化调控小孔段的发育，如2～5 nm孔。

将图4.6中的吸附等温线进一步利用QSDFT方法解析，得到活性炭样品的孔径分布曲线，如图4.7所示。从图中可以看出，活性炭样品的微孔集中分布在0.6 nm和1.2 nm附近，中孔集中分布在3.4 nm附近，根据Nagano[21]、立本英机等[22]提出的适于吸附二噁英的活性炭孔径为2～5 nm，解立平[23]进一步计算出的2.3～4.1 nm最为理想的特征，泥炭基活性炭适用于吸附二噁英；炭化温度"平台区"中段（550 ℃）制得活性炭样品（PAC3）除了2～5 nm孔段集中分布优势明显外，大于5 nm孔段也显示出较高的发育程度，这对二噁英的吸附有利，可为其到达2～5 nm孔段提供更加畅达的通道。这也是第5章制备泥炭基活性炭时确定炭化温度的依据。

将活性炭样品的孔径分为0～2 nm、2～5 nm和5～35 nm，并分别进行孔容积的积分计算，得到各孔段的孔径分布堆叠图，如图4.8所示，更能清晰看出以上差异。

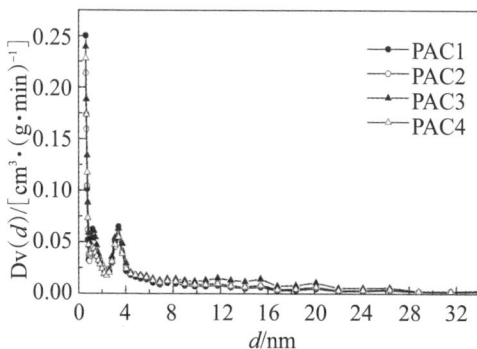

（a）总孔段

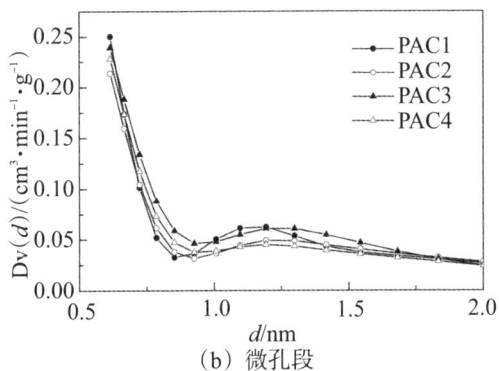

（b）微孔段

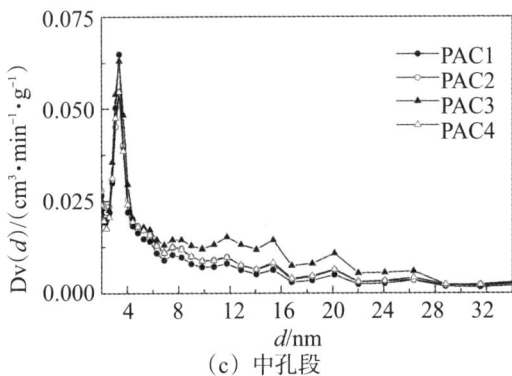

（c）中孔段

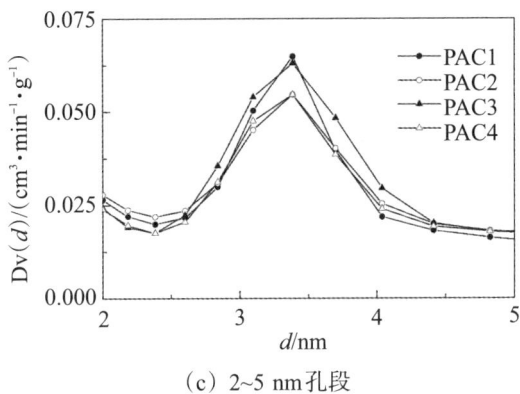

（c）2~5 nm孔段

图4.7 活性炭的孔径分布曲线

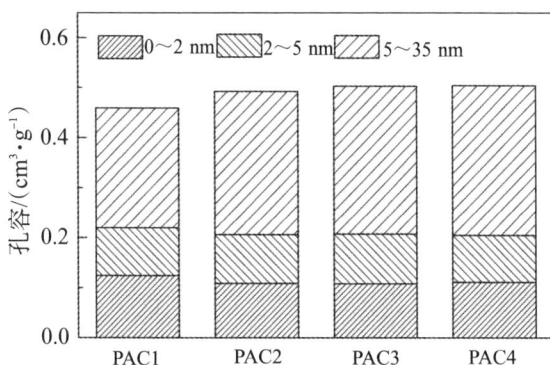

图4.8　活性炭孔径分布堆叠柱状图

4.3.3.3　炭化料–活性炭的碳结构变化特征

普遍认为，活性炭的孔隙主要是在活化（物理活化）过程中从炭化料的基本微晶之间清除各种含碳化合物及无序炭（有时也从基本微晶的石墨层中除去部分碳）而形成的[6, 24]。据此也可认为，物理活化过程中，炭化料–活性炭的碳结构演变过程即是活性炭孔结构的发育过程。

研究活性炭的碳微晶结构常采用 XRD 和 Raman 技术。XRD 技术便于通过计算两相邻炭层间距 d_{002}、层面直径 L_a、层片堆积高度 L_c，石墨化度 g 等参数来表征微晶的大小及取向性[6]，但未能对微晶碳、非晶化碳等含量变化进行定量描述，其谱图中同时含有的大量无机矿物质的信号也会干扰碳结构的准确分析。Raman 光谱表征快速无损[25]，对晶体结构和分子结构都很敏感[26]，可定量分析微晶碳和无定形碳结构[27]，尤其适用于高度无序的炭材料[26]，对碳结构的敏感度远远大于无机矿物质，可以很好地排除矿物质的影响，SHENG[28]、Green[29]、Bar-ziv[30]等研究证明，在表征炭材料有序度的一级区（800～2 000 cm^{-1}）未发现矿物质的特征峰，SHENG[28]和尹燕山[27]还进一步发现，炭材料脱灰与否对检测结果的影响不大，还可用于计算微晶尺寸L_a[31-32]，目前已在活性炭的研究中得到了广泛应用[32-33]，对泥炭基活性炭的表征亦见诸报道[34]。

本书采用Raman光谱技术研究泥炭炭化料–活性炭的碳结构演变特征，炭化料和活性炭样品的Raman光谱图如图4.9所示。

从图4.9中可以看出，泥炭基活性炭的拉曼光谱呈双驼峰形，在1350 cm^{-1}和1590 cm^{-1}附近有两个明显的碳峰，分别是D峰（缺陷峰）和G峰（石墨峰）；泥炭炭化料的D峰和G峰信号均较弱，表征炭材料缺陷程度（无序化）的D峰信号尤为微弱，说明炭化料经物理活化演变为活性炭的过程中，材料的碳结构趋于无序化，利于发达孔隙的形成。

对图4.9中的拉曼光谱进行分峰拟合，拟合方法详见第三章3.4.3节。用I_{D1}、I_{D2}、I_{D3}、I_{D4}、I_G、I_{ALL}分别表示D$_1$、D$_2$、D$_3$、D$_4$、G峰的峰面积和总峰面积，以比值I_{D1}/I_G、I_{D2}/I_G、I_{D3}/I_G、I_{D4}/I_G、I_G/I_{ALL}分别表示散乱的石墨层结构（D$_1$）、平行的石墨层间的不规则层结构（D$_2$）、无序炭（D$_3$）、微晶外围活性位点碳（D$_4$）和规则的石墨微晶结构（G）相对含量的大小，可解析得出炭化料和活性炭样品的碳结构参数，如表4.9所示。

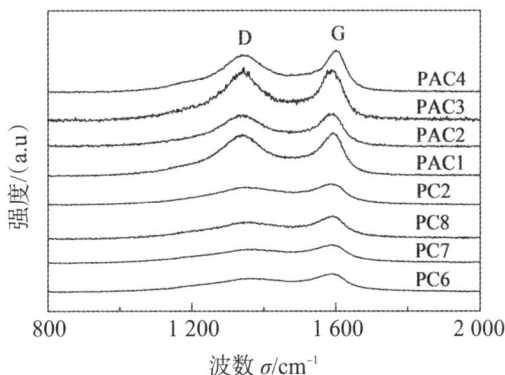

图4.9　炭化料及活性炭样品的拉曼光谱

表4.9　炭化料及活性炭的碳结构参数

样品	I_{D1}/I_G	I_{D2}/I_G	I_{D3}/I_G	I_{D4}/I_G	I_G/I_{ALL}	拟合度
PC6	1.831	0.019 7	1.015	0.299	0.240	0.995
PC7	1.813	0.033 0	1.124	0.408	0.228	0.997
PC8	1.860	0.029 8	0.883	0.349	0.243	0.994
PC2	2.210	0.027 1	0.937	0.288	0.224	0.994
PAC1	2.312	0.054 7	0.409	0.301	0.245	0.994
PAC1	2.162	0.011 2	0.400	0.367	0.254	0.995
PAC1	1.905	0.016 7	0.295	0.312	0.283	0.997
PAC1	2.169	0.026 3	0.563	0.254	0.249	0.993

　　将表4.9中的数据与炭化程度(炭化温度)关联、绘图,得到图4.10。可以看出,随着炭化温度的升高,活性炭的 I_{D3}/I_G 和 I_{D4}/I_G 值全程低于炭化料, I_G/I_{ALL} 值则全程高于炭化料,说明活化过程以消耗无序炭和微晶外围活性位点碳为主,使得规则的石墨微晶结构相对含量逐渐增大;活性炭和炭化料的 I_{D1}/I_G 、 I_{D2}/I_G 的值逐渐趋于一致,未显示出明显的增减特征,说明不规则石墨层和平行的石墨层间的不规则层的缺陷随着炭化深度的加大逐渐得以修饰,形成了更加规则从而也不易参与活化反应的结构;活性炭和炭化料的 I_{D3}/I_G 、 I_{D4}/I_G 和 I_G/I_{ALL} 值在"平台区"(高于500 ℃)的变化趋势一致,说明炭化料的结构决定了活性炭的基本结构,后续活化过程只不过是对炭化料的部分碳结构进行选择性烧蚀而已。

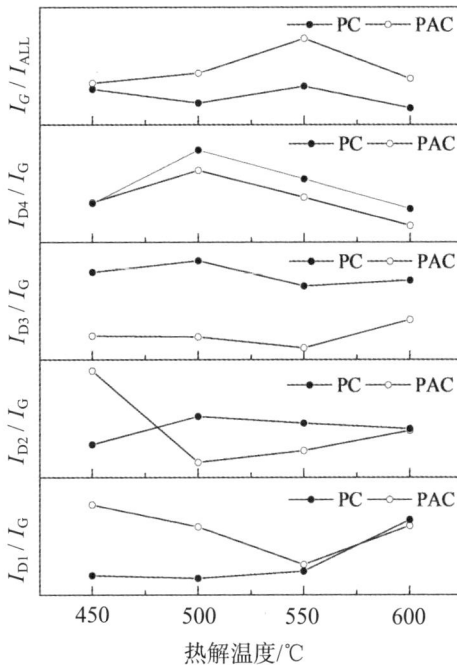

图4.10 炭化料–活性炭碳结构的变化

4.3.3.4 炭化料–活性炭的表面化学变化特征

炭化料和活性炭的FTIR谱图如图4.11所示，可以看出，炭化料经活化形成活性炭后，其表面官能团的种类并未发生明显变化，仍以羟基（—OH）和羰基（＞C═O）为主，分别在3 200～3 650 cm⁻¹、1 500～2 000 cm⁻¹出峰，但吸收强度均减弱，进一步说明活化过程烧蚀了无序炭和活性位点碳，使得有机碎片减少。

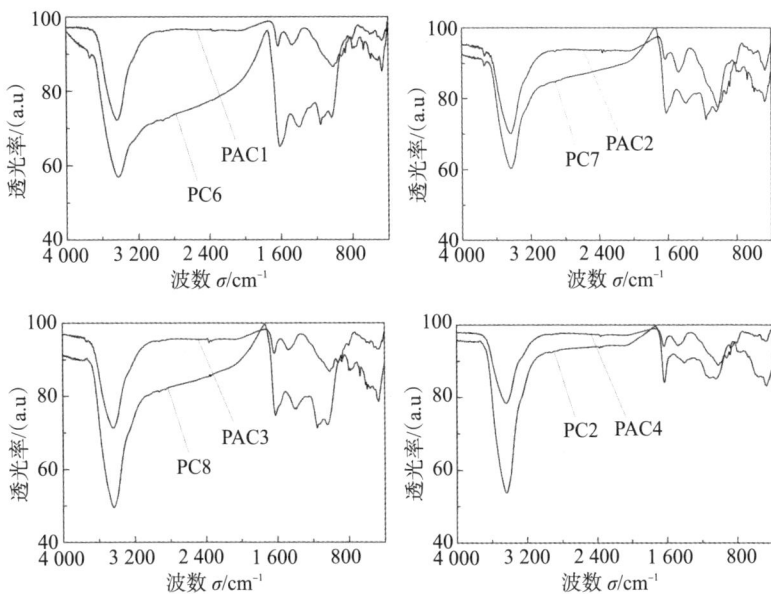

图4.11 炭化料–活性炭表面化学的变化

4.3.3.5 炭化料–活性炭的微观形貌变化特征

炭化料样品PC8及相应活性炭样品PAC3的扫描电子显微镜图片如图4.12所示,放大倍数均为10万倍。由图可见,炭化料的表面较为光滑,未见明显表面孔,活性炭的表面孔则清晰可见、密集分布,并深入炭粒内部,表明炭化料经活化后,内部孔隙得以充分发育,且内外相通形成表面孔。

（a）PC8　　　　　　　　（b）PAC3

图4.12　炭化料–活性炭的SEM图像

4.4　本章小结

本章利用热重分析、工业分析、XRD、FTIR、SEM等技术手段研究了泥炭的炭化行为、炭化料的组成和结构的变化规律，以及"炭化料–活性炭"的碳结构、表面化学等的演变特征，形成主要结论如下。

（1）泥炭的炭化历程分为干燥脱气（室温～200 ℃）、热分解（200～600 ℃）和缩聚（高于600 ℃）3个阶段，热分解阶段是主要温度区间，最大失重温度在300 ℃附近，失重率大于42 %。在热分解低温段（低于300 ℃），失重率随升温速率的增加而减小；在热分解高温段（高于300 ℃），失重率随升温速率的增加而增大。

（2）炭化料的有机组成主要受热分解低温段（低于300 ℃）炭化程度的影响，5 ℃/min时挥发分产率和两相邻炭层间距d_{002}最小，微晶尺寸L_a、L_c和石墨化度g最大，表面形貌最为平整。随着炭化温度和时间的增加，炭化料的挥发分产率逐渐减小，微晶结构发生了两相邻炭层间距d_{002}逐渐减小，微晶尺寸L_a、L_c和石墨化度 g 逐渐增大的渐进石墨化进程，微观形貌趋于平整和致密。炭化料表面主要含羟基(—OH)和羰基(大于 C=O)官能团，羟基含量随炭化条件的变化不明显，羰基含量随炭化温度和时间的增加而减少。

（3）炭化料发生气体活化反应的温度区间为 740～900 ℃，活性炭孔结构的发育过程随炭化料炭化程度的增加先后经历"跃变区"(400～450 ℃)和"平台区"(450～600 ℃)，比表面积、总孔容、中孔容和微孔容在"跃变区"大幅升/降，在"平台区"基本稳定。炭化料在活化过程中主要消耗无序炭和微晶外围活性位点碳，表面官能团种类未发生明显变化，但吸收强度均有所降低。炭化程度过高的炭化料对 2～5 nm 孔的发育不利，2～5 nm 孔容率、占中孔的比例在大于 550 ℃后明显下降，炭化温度"平台区"中段(550 ℃)制得活性炭样品大于 5 nm 孔也具有较高的发育程度。

参考文献

[1] 姚鑫. 压块工艺条件下煤基颗粒活性炭的孔结构调控研究[D]. 北京：中国矿业大学(北京)，2015.

[2] ALLWAR A. Characteristics of pore structures and surface chemistry of activated carbons by physisorption, ftir and boehm methods[J]. Journal of Applied Chemistry, 2012, 2(1): 9-15.

[3] K G, S E. Effects of activation method on the pore structure of activated carbons from apricot stones[J]. Carbon, 1996, 34(7): 879-888.

[4] 左宋林. 磷酸活化法制备活性炭综述（Ⅰ）：磷酸的作用机理[J]. 林产化学与工业，2017, 37(3): 1-9.

[5] 梁鼎成, 解强, 党钾涛, 等. 不同煤阶煤中温热解半焦微观结构及形貌研究[J]. 中国矿业大学学报, 2016, 45(04): 799-806.

[6] 解强, 边炳鑫. 煤的炭化过程控制理论及其在煤基活性炭制备中的应用[M]. 徐州: 中国矿业大学出版社, 2002.

[7] K Z. Effect of pyrolysis conditions on the macropore structure of coal-derived chars[J]. Energy Fuels, 1993, 7(1): 33-41.

[8] 谢克昌. 煤的结构与反应性[M]. 北京: 科学出版社, 2002.

[9] TAKAGI H, MARUYAMA K, YOSHIZAWA N, et al. XRD analysis of carbon stacking structure in coal during heat treatment [J]. Fuel, 2004, 83(17-18): 2427-2433.

[10] CHOI P R, LEE E, KWON S H, et al. Characterization and organic electric-double-layer-capacitor application of KOH activated coal-tar-pitch-based carbons: effect of carbonization temperature[J]. Journal of Physics and Chemistry of Solids, 2015, 87(8): 72-79.

[11] SHANG J Y, EDUARDO E W. Kinetic and FTIR studies of the sodium catalyzed steam gasification of coal char[J]. Fuel, 1984, 63(11): 1640-1649.

[12] RUSSELL N V, GIBBINS J R, WILLIAMSON J. Structural ordering in high temperature coal chars and the effect on reactivity [J]. Fuel, 1999, 78(7): 803-807.

[13] 赵伟涛. 森林泥炭热解动力学特性和阴燃蔓延规律研究[D]. 合肥: 中国科学技术大学, 2014.

[14] 段毅, 赵阳, 曹喜喜, 等. 热解煤成甲烷碳同位素演化及其动力学研究[J]. 中国矿业大学学报, 2014, 43(01): 64-71.

[15] TSAMBA A J, YANG W, BLASIAK W. Pyrolysis characteris-

tics and global kinetics of coconut and cashew nut shells[J]. Fuel Processing Technology，2006，87（6）：523-530.

[16] 张双全. 煤化学[M]. 4版. 徐州：中国矿业大学出版社，2015.

[17] 解强，梁鼎成，田萌，等. 升温速率对神木煤热解半焦结构性能的影响[J]. 燃料化学学报，2015，43（7）：798-805.

[18] CHUNLAN L，SHAOPING X，YIXIONG G，et al. Effect of pre-carbonization of petroleum cokes on chemical activation process with KOH[J]. Carbon，2005，43（11）：2295-2301.

[19] 高尚愚，周建斌，左宋林，等. 碘值、亚甲基蓝及焦糖脱色力与活性炭孔隙结构的关系[J]. 南京林业大学学报，1998（04）：25-29.

[20] 蒋煜，解强. Fe_3O_4存在下配煤制备水处理用磁性压块活性炭[J]. 中国矿业大学学报，2017，46（01）：169-176.

[21] NAGANO S，TAMON H，ADZUMI T，et al. Activated carbon from municipal waste[J]. Carbon，2000，38（6）：915-920.

[22] 立本英机，安部郁夫. 活性炭的应用技术：其维持管理及存在问题[M]. 高尚愚，译. 南京：东南大学出版社，2002.

[23] 解立平. 城市固体有机废弃物制备活性炭的研究[D]. 北京：中国科学院研究生院（过程工程研究所），2003.

[24] 蒋剑春. 活性炭制造与应用技术[M]. 北京：化学工业出版社，2018.

[25] 吴娟霞，徐华，张锦. 拉曼光谱在石墨烯结构表征中的应用[J]. 化学学报，2014，72（3）：301-318.

[26] SADEZKY A，MUCKENHUBER H，GROTHE H，et al. Raman microspectroscopy of soot and related carbonaceous materials：Spectral analysis and structural information[J]. Carbon，

2005,43(8):1731-1742.

[27] 尹艳山, 张轶, 陈厚涛, 等. 高灰煤中矿物质及碳结构的振动光谱分析[J]. 燃料化学学报, 2015,35(10):1167-1175.

[28] SHENG C. Char structure characterised by Raman spectroscopy and its correlations with combustion reactivity[J]. Fuel, 2007,86(15):2316-2324.

[29] GREEN P D, JOHNSON C A, THOMAS K M. Applications of laser Raman microprobe spectroscopy to the characterization of coals and cokes[J]. Fuel, 1983,62:1013-1026.

[30] BAR-ZIV E, ZAIDA A, SALATINO P, et al. Diagnostics of carbon gasification by raman microprobe spectroscopy[J]. Proceedings of the Combustion Institute, 2000,28(2):2369-2374.

[31] TUINSTRA F, KOENIG J L. Raman spectrum of graphite[J]. The Journal of Chemical Physics, 1970,53:1126.

[32] BAEK J, SHIN H, CHUNG D C, et al. Studies on the correlation between nanostructure and pore development of polymeric precursor-based activated hard carbons: II. Transmission electron microscopy and Raman spectroscopy studies[J]. Journal of Industrial and Engineering Chemistry, 2017,54:324-331.

[33] LI Z, ZHANG N, LI F. Studies of the adsorption state of activated carbon by surface-enhanced Raman scattering[J]. Applied Surface Science, 2006,253(5):2870-2874.

[34] KHADIRAN T, HUSSEIN M Z, ZAINAL Z, et al. Textural and chemical properties of activated carbon prepared from tropical peat soil by chemical activation method[J]. BioResources, 2014,10(1):986-1007.

第5章　物理活化制备泥炭基活性炭及其孔结构发育与调控

5.1　引言

活性炭的孔隙不仅是吸附空间同时也是反应空间[1]，其结构对活性炭的性能有时甚至有决定性影响[2]，调控活性炭孔隙结构是活性炭制备与应用研究的核心内容之一，也是活性炭高水平工业化生产的前提[3-4]。

目前，全球活性的炭产量约为 $1.2 \times 10^6 \, t/a$，其中煤基活性炭占 2/3[5]，国内约68%的活性炭产品为煤基活性炭[6]。煤基活性炭的工业生产以物理法为主，水蒸气是最常用的活化剂，也有少量采用主要成分为二氧化碳和水蒸气的烟道气[7-8]作为活化剂，二氧化碳对活性炭的孔隙发育也起到了重要作用。泥炭的难石墨化光学各向同性的"准年轻煤"结构，决定了它具有煤基活性炭优良原料的属性，研究物理活化制备泥炭基活性炭及其孔结构的演化与调控，是泥炭工业价值开发的必然。

尽管受原料来源、活化设备和工艺参数等因素影响，活性炭孔隙的成因、起源和形状等都会千差万别，但普遍认为，物理活化制备活性炭的孔隙主要是在活化过程中从基本微晶之间清除各种含碳化合物及无序炭（有时也从基本微晶的石墨层中除去部分碳）而形成的[8-9]，碳烧失伴随并决定了活性炭孔结构的演化。杜比宁理论认为烧失率在小于50%、50%~75%、大于75%时分别得到微孔为主、大中微孔混合、大孔活性炭[9]，从碳烧失的角度为研究活性炭的孔结构演化与调控提供了很好的启示。但烧失率毕竟只能宏观描述活化度和碳烧失的整体程度，而活性炭微观结构由平行的平面网状结构的微晶群、未组成平行层的单个网状平面及无规则炭[8-9]等多部分组成，各部分炭(碳)的稳定性和反应活性均有所不同，活化烧失的情况也应各异，对活性炭孔隙生长发育的影响自然也有差别。迄今，已有研究者就碳烧失对活性炭微晶尺寸的影响展开了研究[10]，有待进一步明晰碳烧失对活性炭孔结构演化的作用机制。

本章分别采用水蒸气活化法和二氧化碳活化法，在不同活化温度、时间和活化剂量的条件下制备泥炭基活性炭，测定活性炭样品的碘吸附值、亚甲蓝吸附值和焦糖脱色率，利用气体吸附仪、拉曼光谱、傅里叶变换红外光谱和扫描电子显微镜表征其孔结构、碳结构、表面化学和微观形貌，研究活性炭的吸附性能、孔结构、碳结构和表面化学间的关系，阐明活性炭孔结构演化的规律及碳烧失特征，并综合水蒸气活化法和二氧化碳活化法，优化物理活化工艺制备2～5 nm孔发达活性炭样品。研究结果为泥炭基活性炭孔结构及2～5 nm孔的定向调控提供了理论支持和技术途径。

5.2　实验

5.2.1　泥炭样品

本章所用泥炭样为空气干燥泥炭样，其组成、性质详见第3章3.1节。采用泥炭样制备炭化料及活性炭之前，需压块成型后再破碎成泥炭颗粒料，具体方法详见第3章3.3.1节。

5.2.2　活性炭的制备

活性炭的制备方法详见第3章3.3.2节。本章重点考察水蒸气活化法和二氧化碳活化法的活化工艺条件对泥炭基活性炭制备的影响，故将炭化条件固化为：炭化温度550 ℃，炭化升温速率5 ℃/min，炭化时间30 min，入料量50 g±0.1 g。

活化工艺参数及样品编号如表5.1所示。需要说明的是，样品PHAC3与第四章的PAC3是同一样品，为表述方便，本章使用"PHAC3"进行编号。另有优化工艺参数制备泥炭基活性炭样品，详见本章5.3.3节。

表5.1　活性炭样品的制备工艺条件

活化工艺	样品编号	活化温度/℃	活化时间/min	水蒸气通量/$(g \cdot (g \cdot char \cdot h)^{-1})$	CO_2流量/$(mL \cdot min^{-1})$
水蒸气活化	PHAC1	750	120	0.75	
	PHAC2	800	120	0.75	
	PHAC3	850	120	0.75	
	PHAC4	900	120	0.75	
	PHAC5	950	120	0.75	
	PHAC6	800	60	0.75	
	PHAC7	800	90	0.75	
	PHAC8	800	150	0.75	
	PHAC9	800	90	0.50	
	PHAC10	800	90	1.00	
二氧化碳活化	PCAC1	800	120		200
	PCAC2	850	120		200
	PCAC3	900	120		200
	PCAC4	950	120		200
	PCAC5	900	90		200
	PCAC6	900	150		200
	PCAC7	900	120		150
	PCAC8	900	120		250

5.2.3　样品表征

本章测定了所制活性炭样品的碘吸附值、亚甲蓝吸附值和焦糖脱色率，利用气体吸附仪（N₂-吸脱附）、激光拉曼光谱光谱（Raman）、傅里叶变换红外光谱(FTIR)、扫描电子显微镜（SEM）分别表征活性炭的孔结构、碳结构、表面化学、微观形貌。表征方法说明详见第3章3.4节。

5.3　结果与讨论

5.3.1　水蒸气活化法制备泥炭基活性炭

5.3.1.1　活化烧失率与活性炭的吸附性能

制得活性炭样品的活化烧失率及吸附性能指标如表5.2所示。烧失率的计算方法详见第3章3.3节；碘吸附值、亚甲蓝吸附值、焦糖脱色率可用于表征活性炭的微孔、中微孔和中大孔的发达程度，相关阐释详见第4章4.3.3.1节。

表5.2　水蒸气活化的活化烧失率及活性炭样品的吸附性能指标

样品	活化温度/℃	活化时间/min	水蒸气通量/(g·(g·char·h)⁻¹)	烧失率/%	碘吸附值/(mg·g⁻¹)	亚甲蓝吸附值/(mg·g⁻¹)	焦糖脱色率/%
PHAC1	750			42.75	450	68	36
PHAC2	800			50.51	448	74	41
PHAC3	850	120	0.75	54.06	421	74	33
PHAC4	900			59.85	357	88	24
PHAC5	950			66.44	352	80	16

样品	活化温度/℃	活化时间/min	水蒸气通量/(g·(g·char·h)⁻¹)	烧失率/%	碘吸附值/(mg·g⁻¹)	亚甲蓝吸附值/(mg·g⁻¹)	焦糖脱色率/%
PHAC6		60		36.98	447	65	14
PHAC7	800	90	0.75	45.37	457	96	35
PHAC2		120		50.51	448	74	41
PHAC8		150		56.93	405	54	39
PHAC9			0.50	38.22	468	80	13
PHAC7	800	90	0.75	45.37	457	96	35
PHAC10			1.00	51.87	445	90	39

　　从表5.2中数据可以看出，活性炭样品的烧失率除最低活化温度、较短活化时间和较小水蒸气通量(750 ℃，60/90 min，0.5 g/(g·char·h))时，均大于50 %、小于75 %，对照杜比宁理论[9]，属于大、中、微孔混合结构。随着活化温度的升高，碘吸附值逐渐降低，说明微孔一直向较大孔径扩张，为中孔和中大孔提供孔源；亚甲蓝吸附值和焦糖脱色率先增后降，说明中孔和中大孔的发育均经历了从生长到塌陷的过程。随着活化时间的增加，碘吸附值、亚甲蓝吸附值和焦糖脱色率均先增至极大值后再减小，焦糖脱色率达到极大值的时间滞后于碘吸附值和亚甲蓝吸附值，说明孔隙发育由小到大逐次生长，然后塌陷。随着水蒸气通量的增加，碘吸附值逐渐降低，亚甲蓝吸附值先升后降，焦糖脱色率逐渐增大，说明水蒸气通量对中微孔和中大孔的生长发育有一定促进作用，尤其利于中大孔的发育。

5.3.1.2　活性炭的孔结构

　　活性炭样品的氮气吸附等温线如图5.1所示，吸附等温线属于Ⅳ型，回滞环的存在表明孔隙结构中存在中、大孔。

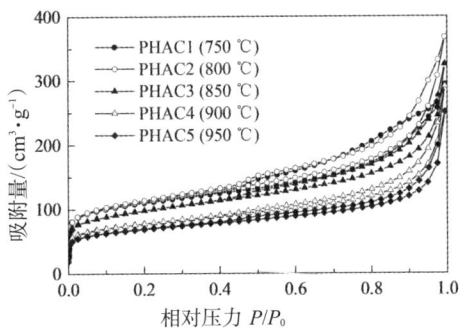

（a）不同活化温度

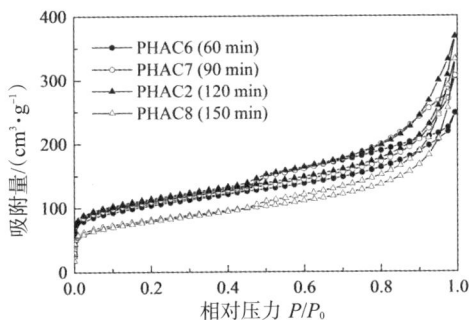

（b）不同活化时间

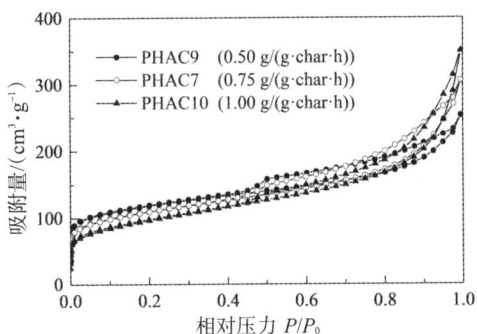

（c）不同水蒸气通量

图5.1　水蒸气活化制备活性炭样品的N_2吸附-脱附等温线

解析图5.1(a)中的吸附等温线，得到不同活化温度条件下活性炭样品的孔结构参数，如表5.3所示。

表5.3 活性炭的孔结构参数（不同活化温度）

样品	活化温度/℃	S_{BET}/ ($m^2 \cdot g^{-1}$)	比孔容/（$cm^3 \cdot g^{-1}$）				比孔容率/%		D_{ave}
			V_t	V_{micro}	V_{meso}	V_{2-5}	中孔	2~5 nm孔	
PHAC1	750	456	0.454	0.124	0.313	0.117	68.99	25.81	5.07
PHAC2	800	443	0.568	0.126	0.424	0.105	74.65	18.40	5.63
PHAC3	850	391	0.503	0.108	0.376	0.0994	74.77	19.76	5.71
PHAC4	900	303	0.450	0.0866	0.350	0.0669	77.83	14.89	7.19
PHAC5	950	248	0.388	0.0805	0.300	0.0533	77.36	13.75	6.25

注：S_{BET}为比表面积；V_t为总孔容；V_{mic}为微孔容；V_{meso}为中孔容；V_{2-5}为2~5 nm孔容；D_{ave}为平均孔径（本章下同）。

从表5.3中可以看出，随着活化温度的升高，活性炭孔结构的发育大致经历了"造孔—扩孔—孔塌陷—炭表面烧蚀"4个阶段：①造孔阶段（750~800 ℃）。微孔容和中孔容均增大，新生孔隙提高了活性炭的总孔容。毗邻微孔段的2~5 nm孔容和孔容率均减小，说明新增孔以中孔为主，中孔率得以明显提高，比表面积略有下降。②扩孔阶段（800~850 ℃）。微孔容、中孔容、2~5 nm孔容均减小，但中孔率和2~5 nm孔容率增幅较小，平均孔径也未大幅增加，说明微孔和中孔主要在本孔段内向较大孔径扩张，大孔并未大量生成，总孔容的减少由扩孔所致，比表面积明显下降。③孔塌陷阶段（850~900 ℃）。微孔容、中孔容、2~5 nm孔容均减小，中孔率和平均孔径大幅增加，2~5 nm孔容率急剧减小，说明微孔和中孔的孔壁出现大量塌陷，原有孔隙互融并形成新的中孔和大孔，比表面积大幅下降。④炭表面烧蚀阶段

（900～950 ℃）。中孔率和平均孔径不升反降，微孔容、中孔容、2～5 nm孔容减幅不大，说明扩孔已近停止，高温下过快的活化反应导致活化剂刚到达炭料表面就迅速反应掉，由炭表面逐层向内烧蚀，总孔容和比表面积因炭料质量的减小而下降。

解析图5.1(b)中的吸附等温线，得到不同活化时间条件下活性炭样品的孔结构参数，如表5.4所示。

表5.4　活性炭的孔结构参数（不同活化时间）

样品	活化时间/min	S_{BET}/ ($m^2 \cdot g^{-1}$)	比孔容/($cm^3 \cdot g^{-1}$)				比孔容率/%		D_{ave}
			V_t	V_{micro}	V_{meso}	V_{2-5}	中孔	2～5 nm孔	
PHAC6	60	455	0.383	0.0966	0.240	0.0540	62.66	14.10	3.98
PHAC7	90	458	0.473	0.100	0.332	0.0489	70.13	10.31	4.80
PHAC2	120	443	0.568	0.126	0.424	0.1050	74.65	18.40	5.63
PHAC8	150	317	0.514	0.0677	0.415	0.0355	80.77	6.92	7.07

从表5.4中可以看出，随着活化时间的增加，活性炭孔结构的发育大致经历了"充分发育期—过度发育期"两个阶段：①充分发育期（60～120 min）。比表面积先增后减，但变幅较小，总孔容、微孔容、中孔容和2～5 nm孔容逐渐达到极大值，说明孔隙发育臻于发达。②过度发育期（120～150 min）。比表面积、总孔容、微孔容、中孔容和2～5 nm孔容均明显减小，比表面积、微孔容和2～5 nm孔容的减小幅度尤其剧烈，说明内部孔隙已经开始塌陷，孔结构过度发育。

解析图5.1(c)中的吸附等温线，得到不同水蒸气通量条件下活性炭样品的孔结构参数，如表5.5所示。可以看出，随着水蒸气通量的增加，活性炭的比表面积、微孔容、2～5 nm孔容率逐渐减小，总孔容、中孔容、中孔率和平均孔径逐渐增大，说明扩孔

作用逐渐增强，更多微孔、中微孔扩张为中大孔，对 2～5 nm 孔
容的影响未见明显规律。

表 5.5　活性炭的孔结构参数（不同水蒸气通量）

样品	水蒸气通量/(g·(g·char·h)$^{-1}$)	S_{BET}/(m^2·g^{-1})	比孔容/(cm^3·g^{-1})				比孔容率/%		D_{ave}
			V_t	V_{micro}	V_{meso}	V_{2-5}	中孔	2～5 nm 孔	
PHAC9	0.50	515	0.392	0.119	0.226	0.0537	57.61	13.68	3.67
PHAC7	0.75	458	0.473	0.100	0.332	0.0489	70.13	10.31	4.80
PHAC10	1.00	392	0.542	0.0778	0.421	0.0552	77.70	10.19	6.18

关联表 5.3、表 5.4、表 5.5 中的 2～5 nm 孔容 V_{2-5}、中孔容 V_{meso}
和微孔容 V_{micro} 数据，可得如图 5.2 所示曲线。

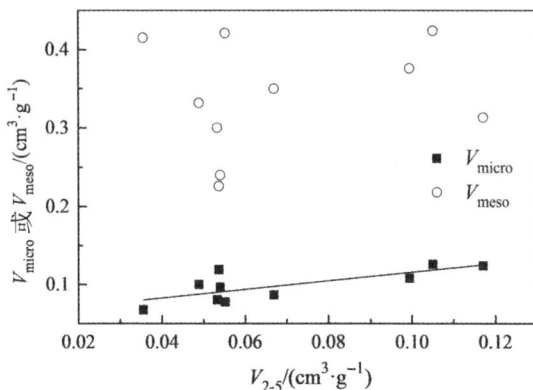

图 5.2　水蒸气活化制备活性炭样品的 2~5 nm 孔容与微孔容、中孔容的关系

由图 5.2 可以看出，活性炭 2～5 nm 孔发育的趋势与微孔具有
较显著的一致性，对泥炭基活性炭 2～5 nm 孔调控的最快捷方式
是通过同步调控微孔发育来实现。

将图 5.1 中的吸附等温线进一步利用 QSDFT 方法解析，得到
活性炭样品的孔径分布曲线，如图 5.3 所示。由图可以看出，活性
炭样品在 2～5 nm 孔段有明显的集中分布。随活化温度的升高，

微孔区0.6 nm和1.2 nm附近的集中分布强度呈逐渐下降趋势，并向高孔径方向偏移；2～5 nm孔段在3.4 nm附近的集中分布强度逐渐下降，显示出与微孔伴生发育的特征。在造孔、扩孔阶段交点温度(800 ℃)制得活性炭样品大于5 nm孔的发育更加充分，利于二噁英吸附时更顺畅地到达2～5 nm孔。随着活化时间的增加，活性炭孔隙发育的"拐点"效应十分明显，在120 min达到最优，大于或小于该时间点，孔隙发达程度均会急剧下降。随水蒸气通量的增加，微孔分布向高孔径方向偏移，中孔分布更加均衡，2～5 nm孔段的集中分布强度有增强趋势。综合孔径分布情况来看，2～5 nm孔段的发育依然与微孔更趋一致。

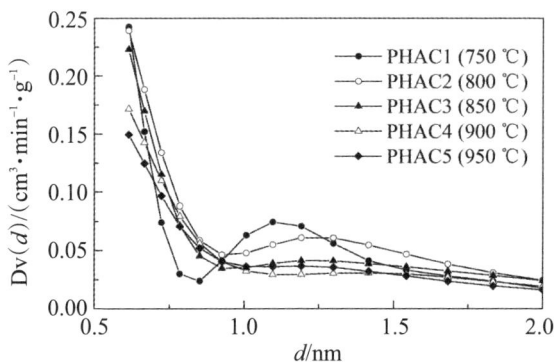

(a)

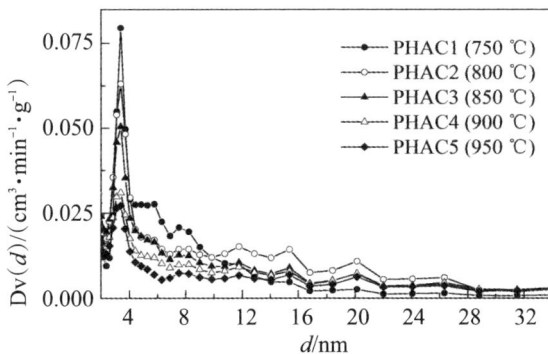

(b)

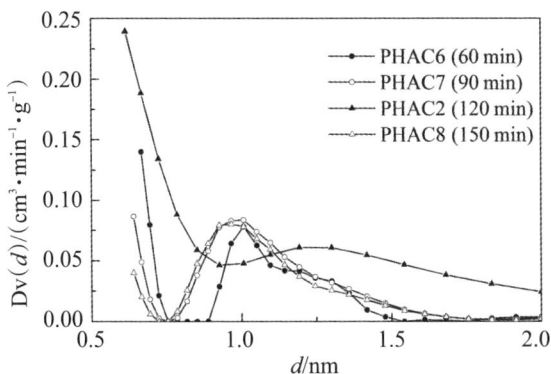

（c）

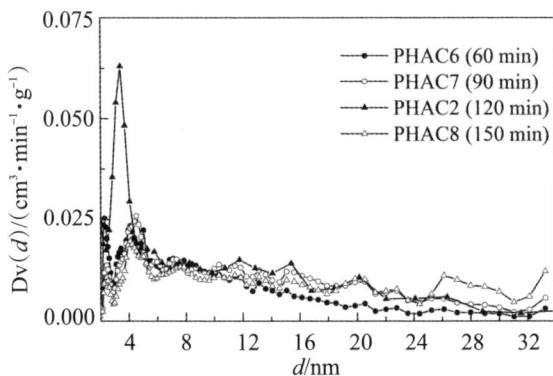

（d）

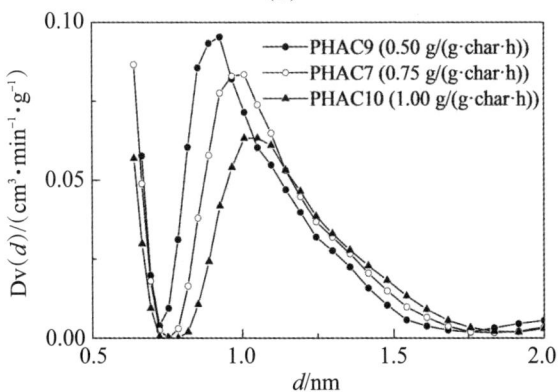

（e）

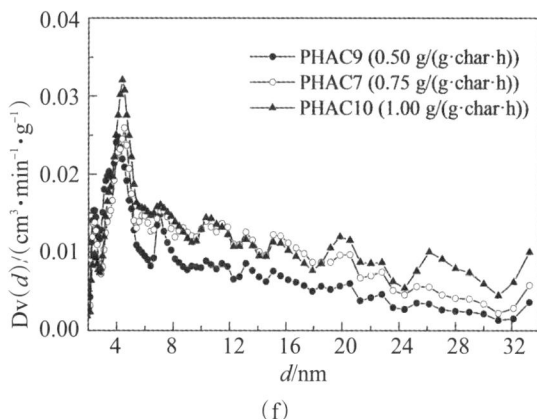

（f）

图5.3 水蒸气活化制备活性炭样品的孔径分布曲线

5.3.1.3 活性炭的碳结构

图5.4为活性炭样品的拉曼光谱图，可见1 350 cm^{-1}和1 590 cm^{-1}附近D峰（缺陷峰）和G峰（石墨峰）呈双驼峰状分布。

对图5.4中的拉曼光谱进行拟合、解析，拟合方法详见第3章3.4.3节，解析方法详见第4章4.3.3.3节，可得活性炭样品的碳结构参数，如表5.6所示。

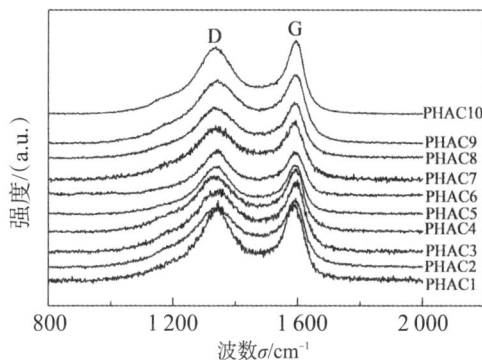

图5.4 水蒸气活化制备活性炭样品的拉曼光谱

表5.6　水蒸气活化制备活性炭样品的碳结构参数

样品	I_{D1}/I_G	I_{D2}/I_G	I_{D3}/I_G	I_{D4}/I_G	I_G/I_{ALL}	拟合度
PHAC1	2.949	0.084 6	0.763	0.319	0.195	0.996
PHAC2	2.371	0.069 0	0.348	0.327	0.243	0.994
PHAC3	1.905	0.016 7	0.295	0.312	0.283	0.997
PHAC4	2.148	0.039 0	0.239	0.209	0.275	0.995
PHAC5	2.290	0.082 4	0.370	0.206	0.253	0.992
PHAC6	2.527	0.105 8	0.500	0.323	0.224	0.997
PHAC7	2.260	0.024 3	0.356	0.372	0.249	0.999
PHAC8	2.317	0.044 5	0.384	0.268	0.249	0.995
PHAC9	2.586	0.104 1	0.650	0.314	0.215	0.994
PHAC10	2.362	0.079 9	0.302	0.284	0.248	0.992

从表5.6中可以看出，活性炭样品的I_{D1}/I_G值在1.9～3.0之间，说明散乱石墨层结构的含量远大于规则石墨层结构，非平面化的类石墨微晶进行无规则排列的程度高。D_2峰是由炭化过程残留的结构缺陷引起的[11]，D_1峰存在时D_2峰必然存在[12-13]，故I_{D2}/I_G值较小。代表无序炭和微晶外围活性位点碳含量的I_{D3}/I_G值和I_{D4}/I_G值均大于0.2，说明非晶化碳在活性炭中也占有较大比重。I_G/I_{ALL}值在0.19～0.29之间，说明活性炭样品的碳结构中有1/4左右的规则石墨微晶结构。

将表5.6中的数据与活化温度、活化时间和水蒸气通量相关联，得到图5.5。

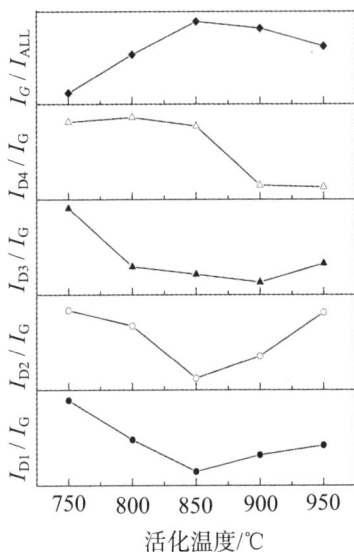

（a）不同活化温度

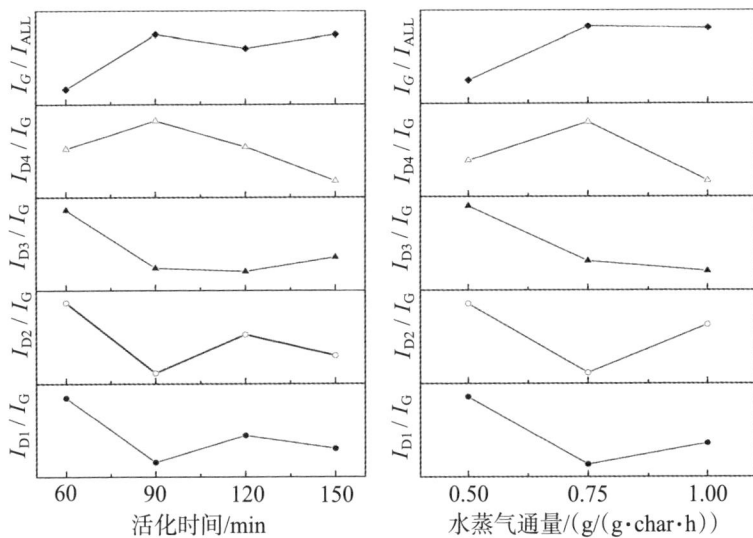

（b）不同活化时间

（c）不同活化剂量

图5.5　水蒸气活化制备活性炭样品的碳结构演化

　　从图 5.5(a)中可以看出不同活化温度下泥炭基活性炭孔结构演化过程中的碳烧失特征：①造孔阶段(750～800 ℃)。I_{D1}/I_G、I_{D2}/I_G、I_{D3}/I_G 均减小，但 I_{D2}/I_G 减幅较小，I_{D4}/I_G 略有增大，I_G/I_{ALL} 快速增大。说明活化反应以清除无序炭和消耗散乱石墨层结构为主，同时有部分平行的石墨层间的不规则层参与反应而除去，规则的石墨微晶结构和微晶外围活性位点碳含量得以增加。②扩孔阶段(800～850 ℃)。I_{D1}/I_G、I_{D2}/I_G、I_{D3}/I_G 继续减小，但 I_{D3}/I_G 减幅明显变缓，I_{D4}/I_G 略有减小，I_G/I_{ALL} 持续增大。说明活化反应以消耗散乱石墨层结构及平行的石墨层间的不规则层为主，无序炭仍有清除但强度变弱，微晶外围的活性位点碳开始参与反应，规则的石墨微晶结构含量继续得以增加。③孔塌陷阶段(850～900 ℃)。I_{D1}/I_G、I_{D2}/I_G 不减反增，I_{D3}/I_G 缓慢减小，I_{D4}/I_G 急剧减小，I_G/I_{ALL} 由极大值开始下降。说明活化反应以清除微晶外围活性位点碳为主并开始烧蚀规则的石墨微晶结构，无序炭的清除伴随进行。规则的石墨微晶结构因烧失而减量，使得缺陷的石墨微晶结构(D_1、D_2) 相对含量增加。④炭表面烧蚀阶段(900～950 ℃)。I_{D1}/I_G、I_{D2}/I_G 持续增加，I_{D3}/I_G 值不降反升，I_{D4}/I_G 基本不变，I_G/I_{ALL} 继续减小。说明活化反应以规则的石墨微晶结构的烧蚀为主，伴随微晶外围活性位点碳的清除。规则的石墨微晶结构的减少使得缺陷石墨微晶结构和无序炭相对含量增加。微晶外围活性位点碳因同步参与反应而减量，所以相对含量无明显变化。

　　从图 5.5(b)中可以看出不同活化时间下泥炭基活性炭孔结构演化过程中的碳烧失特征：①充分发育期(60～120 min)。前半程(60～90 min)I_{D1}/I_G、I_{D2}/I_G、I_{D3}/I_G 迅速减小，I_{D4}/I_G 和 I_G/I_{ALL} 明显增大。说明此过程以消耗散乱石墨层结构、平行的石墨层间的不规则层和无序炭为主，使得微晶外围活性位点碳和规则的石墨微晶结构含量增加。后半程（90～120 min）I_{D1}/I_G、I_{D2}/I_G不降反升，I_{D3}/I_G略有减小，I_{D4}/I_G和I_G/I_{ALL}明显减小，说明此过程以消耗无序炭、微晶外围活性位点碳和规则的石墨微晶结构为主。无序炭的烧蚀贯穿充分发育期全过程。②过度发育期（120～150 min）。I_{D4}/I_G持续减小，I_{D1}/I_G、I_{D2}/I_G再次减小，I_{D3}/I_G、I_G/I_{ALL}增大。说明此过程以消耗微晶外围活性位点的碳为主，伴随刻蚀散乱石墨层结构、平行的石墨层间的不规则层，使得无序炭增加，规则的石墨微晶结构含量因其他组成部分的减少而增大。

从图5.5(c)中可以看出不同水蒸气通量下泥炭基活性炭孔结构演化过程中的碳烧失特征：随着水蒸气通量的增加，I_{D3}/I_G值逐渐减小，说明无序炭的烧蚀程度逐渐加大，这一过程伴随着活性炭总孔容、中孔容和平均孔径逐渐增大，扩孔强度逐渐增强；I_{D1}/I_G、I_{D2}/I_G值先减小后增大，I_{D3}/I_G、I_G/I_{ALL}值先增大后减小，说明较小活化剂通量条件（0.5～0.75 g/(g·char·h)）利于烧蚀散乱石墨层结构和平行的石墨层间的不规则层，较大活化剂通量条件（0.75～1.0 g/(g·char·h)）则利于烧蚀微晶外围活性位点的碳和规则的石墨微晶结构。

根据以上分析，将活性炭孔结构的演化历程与碳结构参与活化烧失的情况进行关联，得出泥炭基活性炭孔发育与活化过程中碳烧蚀的关系，如图5.6所示。

结合前述孔结构解析，可知2～5 nm孔主要伴随微孔发育，微孔在孔塌陷之前、过度发育之前和水蒸气通量小于0.75g/(g·char·h)时获得最优发育程度。

从图5.6中可以看出，2～5 nm孔的有效调控（图(a)中孔塌陷之前；图(b)中过度发育之前；图(c)中水蒸气通量小于0.75 g/(g·char·h)），可通过全程清除无序炭（D_3），部分消耗缺陷石墨微晶结构（D_1、D_2），少量激活活性位点碳（D_4）来实现。

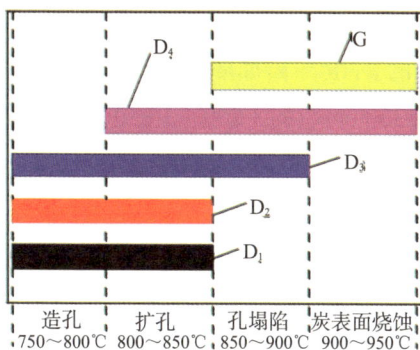

（a）不同活化温度

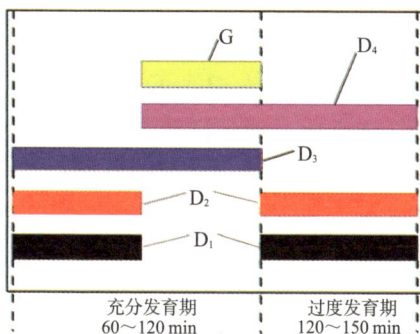

（b）不同活化时间

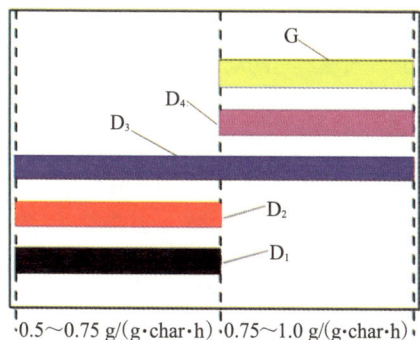

（c）不同活化剂量

图5.6　水蒸气活化制备泥炭基活性炭孔发育与活化过程中碳烧蚀的关系

5.3.1.4 活性炭的表面化学

活性炭样品的FTIR图谱如图5.7所示，可见泥炭基活性炭在官能团区(小于1300 cm^{-1})的3 200～3 650 cm^{-1}范围内有较强的醇和酚的羟基(—OH)特征吸收峰，1 500～2 000 cm^{-1}范围内有明显的羰基($>$C＝O)吸收峰，在指纹区(大于1 300 cm^{-1})的1 050～1 250 cm^{-1}处有碳氧吸收带与上述官能团区的两个特征峰相呼应，由此可判断活性炭表面主要存在缔合羟基(—OH)和羰基($>$C＝O)官能团。又因亚甲基(—CH$_2$—)的变角振动只在1 470 cm^{-1}附近出峰，1 450 cm^{-1}附近出现的吸收峰应由其蓝移后引起。

从图5.7中还可看出，活性炭中羟基(—OH)含量随活化工艺条件的变化无规律可循，羰基($>$C＝O)含量随着活化温度的增加呈逐渐减小趋势，随活化时间和活化剂量的变化亦无规律可循。亚甲基(—CH$_2$—)含量随着活化温度的增加逐渐减小，可一定程度反映无序炭含量的减小，与碳结构分析一致，随活化时间和水蒸气通量变化而无明显变化。

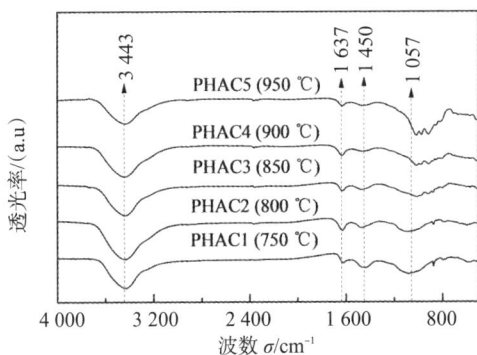

（a）不同活化温度

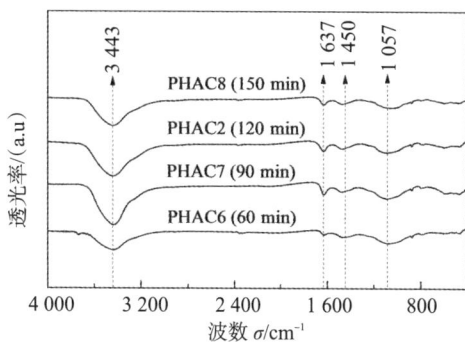

（b）不同活化时间

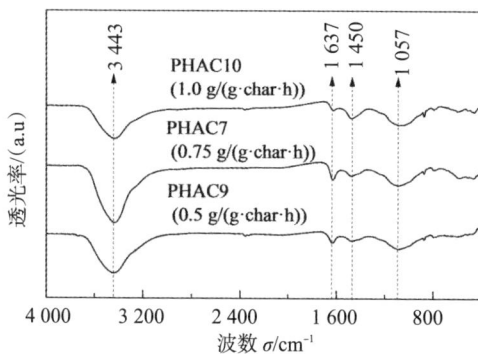

（c）不同活化剂量

图5.7　水蒸气活化制备活性炭样品的FTIR图谱

5.3.1.5　活性炭的微观形貌

活性炭样品的扫描电子显微镜图片（放大倍数10万倍）如图5.8所示。可以看出，造孔阶段（图（a）和图（b））活性炭样品的表观呈现出乱层堆垛状，堆垛片层间有较大缝隙，片层表面基本平整，未见明显的表面孔，说明外表面碳烧失较少，大部分碳烧失发生在颗粒内表面，有利于内部孔隙的生成。扩孔阶段（图（b）和图（c））炭颗粒表面出现了明显的碳刻蚀，表面孔蜂窝状密集分布并深入颗粒内部，活化过程呈现由内向外的特征。孔塌陷阶段

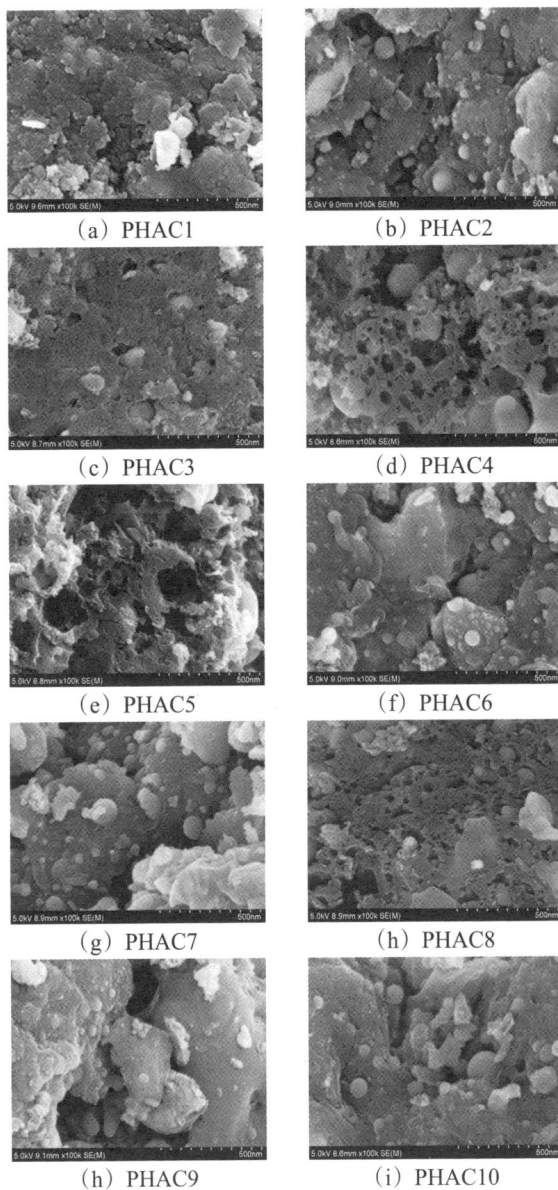

(a) PHAC1　　　　　(b) PHAC2

(c) PHAC3　　　　　(d) PHAC4

(e) PHAC5　　　　　(f) PHAC6

(g) PHAC7　　　　　(h) PHAC8

(h) PHAC9　　　　　(i) PHAC10

图5.8　水蒸气活化制备活性炭样品的SEM图像

（图(c)和图(d)）颗粒表面的碳刻蚀更加显著，表面孔互相融并的特征明显。炭表面烧蚀阶段（图(d)和图(e)）颗粒表面杂乱而蓬松，表面碳烧失严重，表面孔严重坍塌，活化反应体现出由外向内的特征。还可看出，孔结构充分发育阶段（依次为图(f)、图(g)和图(b)），活性炭样品未见明显表面孔，孔结构过度发育阶段（图(g)～图(h)），表面孔清晰可见；随水蒸气通量的增加（依次为图(h)、图(g)和图(i)），活性炭表面逐渐出现表面孔。

5.3.2　二氧化碳活化法制备泥炭基活性炭

5.3.2.1　活化烧失率与活性炭的吸附性能

二氧化碳活化制得泥炭基活性炭样品的活化烧失率及吸附性能指标如表 5.7 所示。从表中可以看出，活化烧失率介于 28 %～71 %之间，变幅较大，说明泥炭对二氧化碳活化工艺参数的变化较为敏感。

表5.7　二氧化碳活化的活化烧失率及活性炭样品的吸附性能指标

样品	烧失率/%	碘吸附值/ $(mg \cdot g^{-1})$	亚甲蓝吸附值/ $(mg \cdot g^{-1})$	焦糖脱色率/%
PCAC1	37.93	334	57	17
PCAC2	47.70	413	74	16
PCAC3	54.49	450	90	17
PCAC4	71.00	489	104	31
PCAC5	28.46	313	49	0
PCAC6	75.48	438	114	29
PCAC7	52.55	404	92	11
PCAC8	69.09	445	106	29

将表 5.7 中的烧失率（B）、碘吸附值（E_I）、亚甲蓝吸附值（E_{MB}）和焦糖脱色率（ω）数据分别与活化温度、活化时间和活化剂

量进行关联、绘图，得到如图5.9所示曲线。

从图5.9中可以看出：①随着活化温度的升高，烧失率、碘吸附值和亚甲蓝吸附值均递增，说明活性炭的孔隙逐渐发达；焦糖脱色率先基本不变（800~900 ℃），后来急剧升高（高于900 ℃），说明活化温度高于900 ℃后，活性炭的中大孔迅速增多，显示出微孔和中微孔融并或塌陷的特征。②随着活化时间的增加，烧失率逐渐增加，碘吸附值先增后减，在120 min时取得极大值；亚甲蓝吸附值和焦糖脱色率持续增大，说明活性炭的孔结构发育在小于120 min时以生成微孔为主，大于120 min后以中微孔和中大孔的扩张为主。③随着二氧化碳流量的增加，烧失率呈增大趋势，但增幅较小，说明二氧化碳流量对活化反应程度的影响较小；碘吸附值先增（小于200 mL/min）后减（大于200 mL/min），亚甲蓝吸附值先基本不变（小于200 mL/min）后明显增大（大于200 mL/min），焦糖脱色率持续增大，说明增加活化剂量有助于中大孔发育。

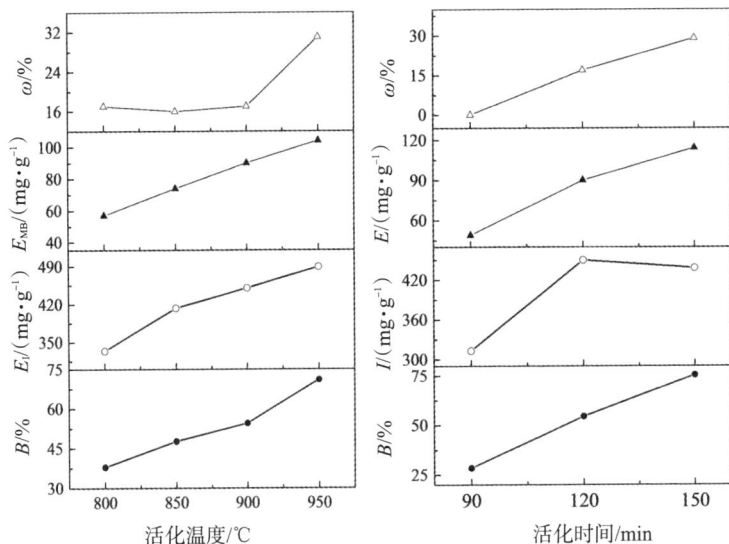

（a）不同活化温度 　　　　（b）不同活化时间

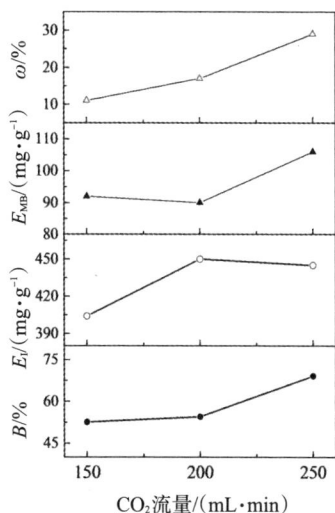

（c）不同活化剂量

图 5.9　活性炭烧失率、吸附性能与二氧化碳活化条件的关系

5.3.2.2　活性炭的孔结构

活性炭样品的氮气吸附等温线如图 5.10 所示，回滞环表明了中大孔的存在。解析图 5.10 中吸附等温线，得出活性炭样品的孔结构参数，如表 5.8 所示。

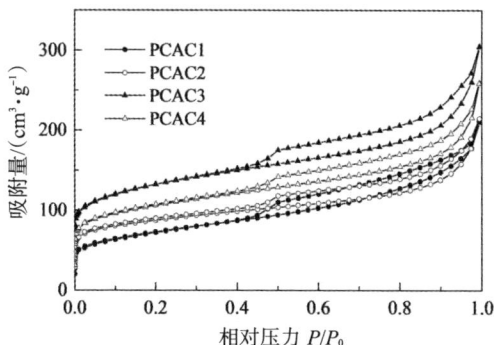

（a）PCAC1～PCAC4

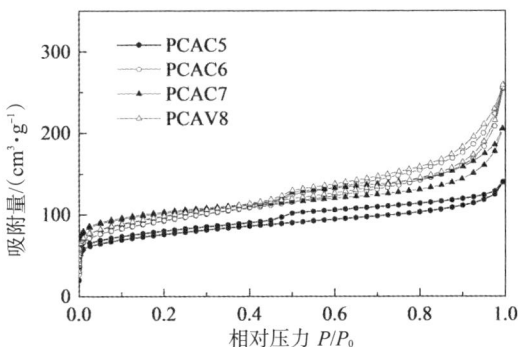

（b）PCAC5～PCAC8

图5.10　二氧化碳活化制备活性炭样品的N_2吸附–脱附等温线

从表5.8中可以看出，活性炭样品的中孔率均大于50％，属于中孔发达的活性炭；2～5 nm孔容率最高可达19.53％，占中孔容的比率为38.87％，2～5 nm孔的发育占有明显优势。

表5.8　二氧化碳活化制备活性炭样品的孔结构参数

样品	$S_{BET}/$ $(m^2 \cdot g^{-1})$	比孔容/($cm^3 \cdot g^{-1}$)				比孔容率/%		2～5 nm 孔的中孔 占比/%	D_{ave}
		V_t	V_{micro}	V_{meso}	V_{2-5}	中孔	2～5 nm 孔		
PCAC1	300	0.327	0.056 9	0.236	0.0446	72.24	13.65	18.90	5.03
PCAC2	374	0.332	0.087 4	0.212	0.0415	63.82	12.49	19.57	4.17
PCAC3	553	0.471	0.127	0.284	0.0717	60.26	15.22	25.26	3.94
PCAC4	439	0.400	0.098 1	0.252	0.0624	63.02	15.60	24.76	4.18
PCAC5	304	0.217	0.076 0	0.109	0.0424	50.25	19.53	38.87	3.18
PCAC6	383	0.395	0.083 1	0.268	0.0563	67.90	14.26	21.00	4.77
PCAC7	447	0.317	0.112	0.169	0.0388	53.25	12.21	22.94	3.38
PCAC8	414	0.401	0.092 6	0.267	0.0527	66.67	13.17	19.75	4.57

将表5.8中数据与活化工艺条件关联，得到如图5.11所示曲线。可以看出：①随着活化温度的增加，微孔容先升（800～

900 ℃)后降(高于900 ℃),在900 ℃达到极大值,与第4章4.3.2节炭化料在CO_2氛围热重分析的失重峰终止温度(901.7 ℃)接近,说明调控活性炭孔隙的持续新生(微孔生长),应在有效的活化反应温度区间进行。中孔容在800~850 ℃降低的原因,可能与反应体系中存在一氧化碳阻碍了二氧化碳进入炭料内部有关,但为微孔发育提供了更为充分的反应时间和更为温和的反应条件。当活化温度高于850 ℃,活化反应速率进一步提高后,一氧化碳的阻碍作用不再明显,中孔经活化扩孔后显著发育(850~900 ℃)、融并坍塌(高于900 ℃)。②随着活化时间和活化剂量(CO_2流量)的增加,微孔容、中孔容和2~5 nm孔容均先升后降,分别在120 min和200 mL/min处取得极大值,中孔容的升/降幅最明显,说明中孔发育受活化时间和活化剂量的影响较为敏感,利于对中孔进行便捷的定向调控。③2~5 nm孔容随活化温度、时间和活化剂量的变化趋势与中孔容一致,随活化时间和活化剂量的变化趋势既与中孔一致也与微孔一致,说明2~5 nm孔的发育在二氧化碳活化过程中由中孔和微孔协同生长控制。

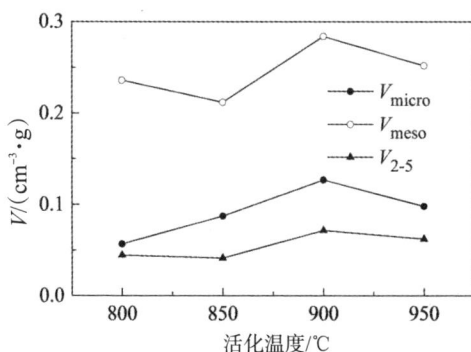

（a）不同活化温度

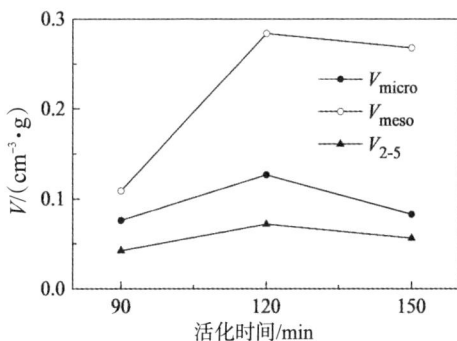

（b）不同活化时间

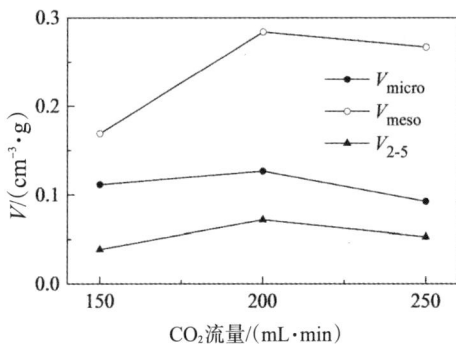

（c）不同活化剂量

图5.11　二氧化碳活化制备活性炭样品的孔结构的演化

　　将表5.8中的2～5 nm孔容V_{2-5}数据与总孔容V_t、中孔容V_{meso}、微孔容V_{micro}数据关联、绘图，可得图5.12。从图中可以看出，各孔容参数与2～5 nm孔容的相关性拟合度为$V_t > V_{meso} > V_{micro}$，可见2～5 nm孔的发育程度受活性炭孔结构整体发达程度的影响最大，且主要与中孔伴随生长。故在CO_2活化作用下，泥炭基活性炭2～5 nm孔的调控途径应为孔隙总体发达下的中孔优化。

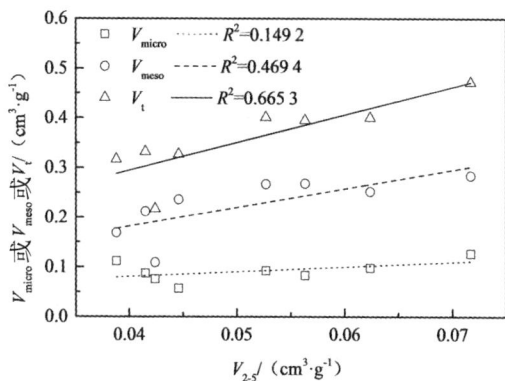

图 5.12　CO_2 活化制备活性炭样品的 2～5nm 孔容与中孔容、
微孔容、总孔容的关系

将图 5.10 中的吸附等温线进一步利用 QSDFT 方法解析，得到
活性炭的孔径分布曲线，如图 5.13 所示。

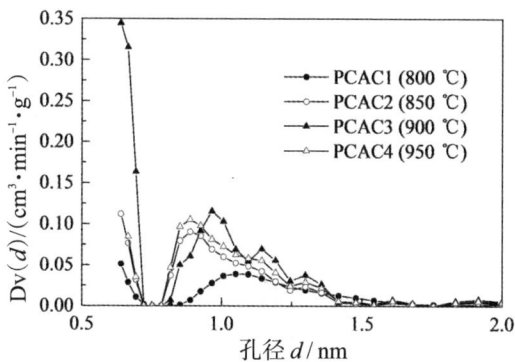

（a）

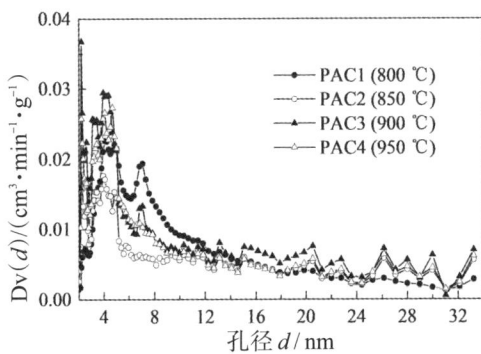

（b）

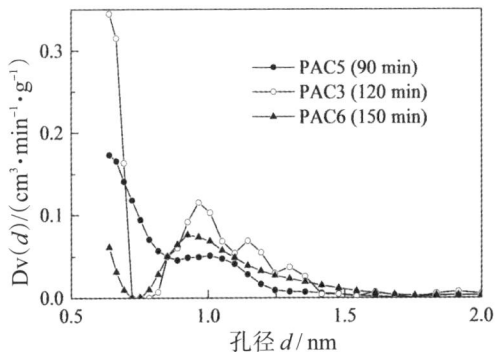

（c）

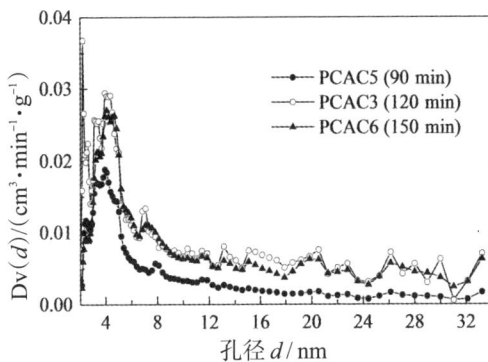

（d）

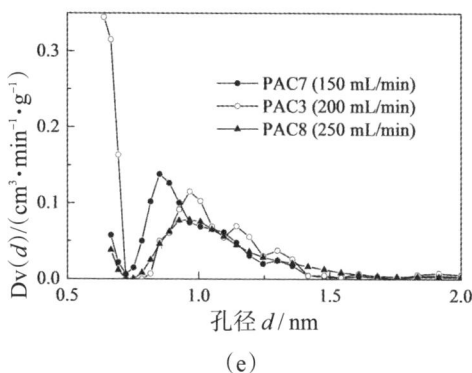

（e）

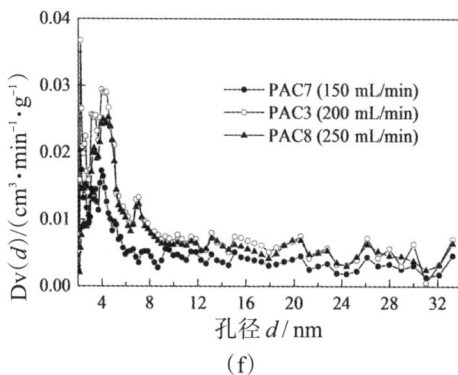

（f）

图5.13　二氧化碳活化制备活性炭样品的孔径分布曲线

由图5.13可以看出，活性炭样品的微孔主要集中分布在 0.6 nm 和 1.0 nm 附近，中孔主要集中分布在 2~8 nm，2~5 nm 孔段的集中分布优势尤为突出。随着活化温度的升高，活性炭孔径在微孔段 0.6 nm 和 1.0 nm 附近的分布强度均先增（800~900 ℃）后减（900~950 ℃），表明微孔的发育程度先增后减，与前述孔结构变化规律一致；在中孔段的分布呈现出低孔径段减弱、高孔径段变强、趋于均匀的走势。随着活化时间和活化剂量的增加，分别在活化时间 120 min 和二氧化碳流量 200 mL/min 时获得微孔、中孔的最优分布强度。

5.3.2.3 活性炭的碳结构

活性炭样品的激光拉曼光谱如图5.14所示，与水蒸气活化制得活性炭样品类似，其D、G碳峰信号明显。

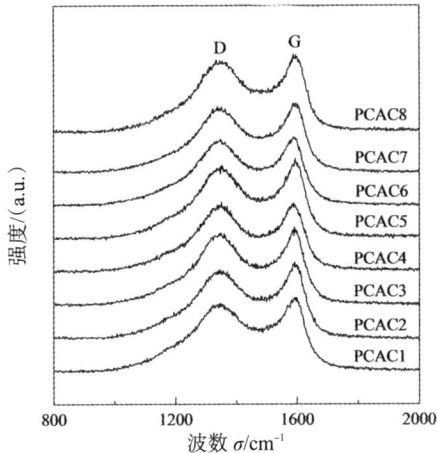

图5.14 二氧化碳活化制备活性炭样品的拉曼光谱

对图5.14中的拉曼光谱进行拟合、解析，方法同5.3.1.3节，结果如表5.9所示。

表5.9 二氧化碳活化制备活性炭样品的碳结构参数

样品	I_{D1}/I_G	I_{D2}/I_G	I_{D3}/I_G	I_{D4}/I_G	I_G/I_{ALL}	拟合度
PCAC1	2.532	0.082 1	0.686 0	0.351 6	0.215 0	0.995
PCAC2	2.574	0.037 6	0.704 2	0.318 3	0.215 8	0.998
PCAC3	2.687	0.111 4	0.831 9	0.360 8	0.200 4	0.996
PCAC4	2.514	0.073 7	0.718 2	0.329 3	0.215 7	0.995
PCAC5	2.788	0.168 8	0.768 7	0.281 0	0.199 7	0.995
PCAC6	2.460	0.050 9	0.688 5	0.348 4	0.211 9	0.995
PCAC7	2.693	0.146 4	0.758 4	0.328 7	0.203 0	0.995
PCAC8	2.795	0.147 3	0.794 2	0.274 9	0.199 5	0.996

由表5.9可知，活性炭的I_{D1}/I_G值大于2.4，I_{D3}/I_G值和I_{D4}/I_G值均大于0.2，I_G/I_{ALL}值在0.19～0.22之间，说明二氧化碳活化所得泥炭基活性炭样品同样具有非平面化类石墨微晶无规则排列程度高、非晶化碳含量大的结构。

活性炭基础理论研究表明[8-9]，活性炭由平行的平面网状结构的微晶群，未组成平行层的单个网状平面及无规则炭三部分组成。据此，可将表5.9中的数据I_{D2}/I_G与I_{D1}/I_G合并为I_{D1+D2}/I_G，表示未组成平行层的单个网状平面（不规则石墨层）的含量大小；将I_{D4}/I_G和I_{D3}/I_G合并为I_{D3+D4}/I_G，表示无规则炭的含量大小，同时以I_G/I_{ALL}表示平行的平面网状结构的微晶群（规则石墨层）的含量大小。

将I_{D1+D2}/I_G、I_{D3+D4}/I_G和I_G/I_{ALL}与活性炭制备的工艺条件进行关联、绘图，得到如图5.15所示曲线。

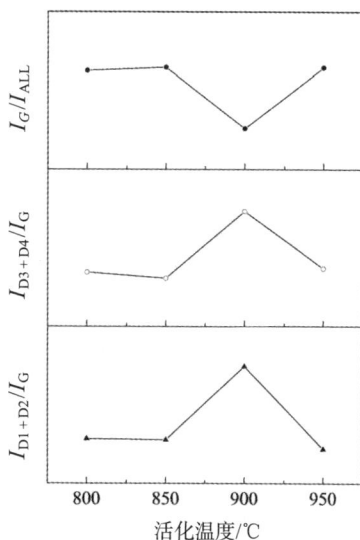

（a）不同活化温度

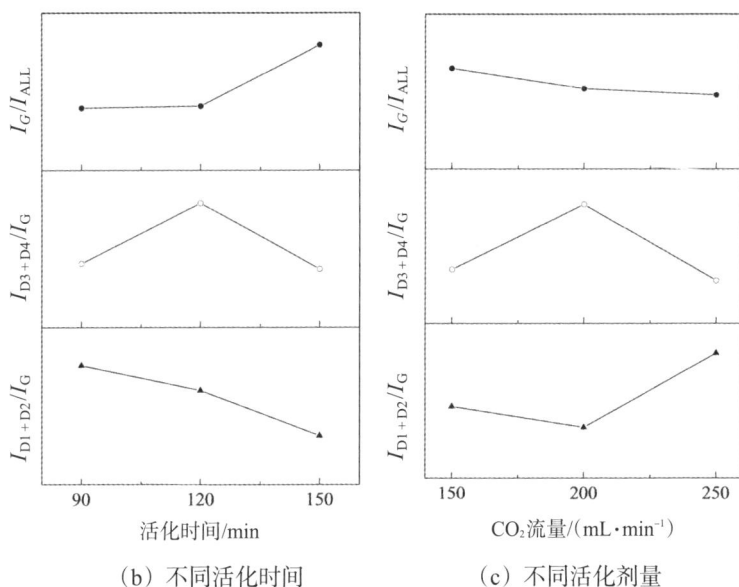

（b）不同活化时间　　　　（c）不同活化剂量

图5.15　二氧化碳活化制备活性炭样品的碳结构的演化

从图5.15可以看出：①随着活化温度的增加，在800～850 ℃温度段，活性炭的I_{D1+D2}/I_{ALL}、I_{D3+D4}/I_{ALL}和I_G/I_{ALL}几乎不变，说明此时的活化反应强度较弱，碳烧失不明显；在850～900 ℃温度段，活性炭的I_{D1+D2}/I_{ALL}、I_{D3+D4}/I_{ALL}大幅增大，而I_G/I_{ALL}大幅减小，说明此时以烧蚀规则石墨层结构为主；在900～950 ℃温度段，活性炭的I_{D1+D2}/I_{ALL}、I_{D3+D4}/I_{ALL}由升转降，I_G/I_{ALL}由降转升，碳烧失转为以烧蚀不规则石墨层和无序炭为主。②随着活化时间的增加，I_{D1+D2}/I_{ALL}始终减小；I_{D3+D4}/I_{ALL}先升后降，在120 min处取得极大值；I_G/I_{ALL}在小于120 min时几乎不变，在大于120 min后大幅升高，说明活化过程全程烧蚀不规则石墨层。③随着活化剂量的增加，活性炭的I_G/I_{ALL}始终减小，I_{D1+D2}/I_{ALL}先减小后增加，I_{D3+D4}/I_{ALL}先增加后减小，说明活化反应全程烧蚀规则石墨层，在活化剂量较少时和较大时（以 200 mL/min 为节点）分别同时烧蚀不规则石墨层和无序炭。

结合前述孔结构分析结果，可知二氧化碳活化制备泥炭基活性炭的孔隙发达程度分别在活化温度 900 ℃、活化时间 120 min、活化剂量 200 mL/min 时取得最优。故可以这样认为：对于二氧化碳活化制备泥炭基活性炭，活化过程晶化碳（D_1+D_2、G）的烧蚀利于孔结构发育，非晶化碳（D_3+D_4）的烧蚀是造成孔结构发育程度下降的主要原因。这可通过现有活性炭基础理论研究成果进行解释，研究表明[7, 14, 15]，相同条件下二氧化碳的活化反应速率小于水蒸气（仅为 1/3），但扩散速度大于水蒸气，这为二氧化碳分子扩散到炭料已有孔隙中提供了更充分的时间条件，利于扩大孔径；同时，反应系统中存在的一氧化碳会阻碍二氧化碳进入炭料内部，这种阻碍作用反而有利于微孔得以充分发育，大量研究发现二氧化碳活化能产生更多微孔[16-19]，活化过程中，先产生极微孔，然后将其孔径扩宽，总体是一个开孔、扩孔的过程；而水蒸气活化一开始就产生各种孔径的孔，总体是一个扩孔的过程[17, 19-20]。二氧化碳活化的慢反应、快扩散特点，使得刻蚀碳微晶成为可能，进而造孔以提高孔隙发育程度，这与水蒸气活化反应快、优先选择烧蚀无序炭不同，体现了两种活化法制备泥炭基活性炭的碳烧失特征区别。

5.3.2.4　活性炭的表面化学

活性炭样品的 FTIR 图谱如图 5.16 所示，可见活性炭样品在官能团区（小于 1300 cm^{-1}）的 3434 cm^{-1}、1634 cm^{-1}、1461 cm^{-1} 处和指纹区（大于 1300 cm^{-1}）的 1070 cm^{-1} 处存在明显的吸收峰。指纹区 1070 cm^{-1} 处为碳氧吸收带，官能团区所得信息应与指纹区相呼应，故可以判断 3434 cm^{-1}、1634 cm^{-1} 分别为羟基（—OH）和羧基

（＞C＝O）的吸收峰。1461 cm⁻¹处为亚甲基（—CH—）变角振动的吸收峰。综合可知，二氧化碳活化所得泥炭基活性炭表面主要存在羟基（—OH）、羰基（＞C＝O）和亚甲基（—CH₂—）官能团。

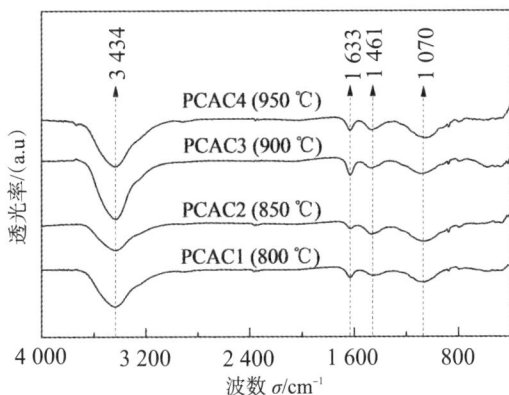

（a）不同活化温度

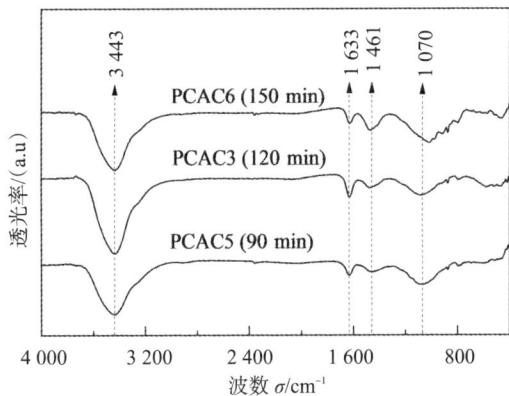

（b）不同活化时间

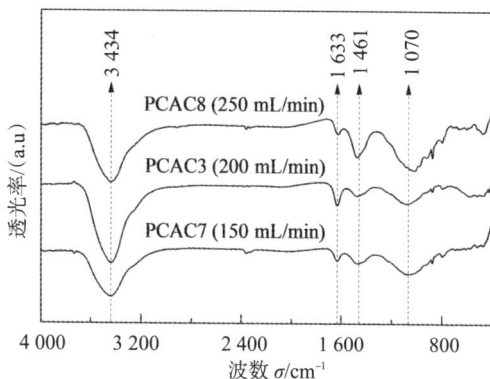

（c）不同活化剂量

图5.16 二氧化碳活化制备活性炭样品的FTIR图谱

由图5.16还可看出，活性炭样品的表面官能团含量随活化温度的升高并无明显规律性变化；随活化时间和活化剂量的增加，羟基(—OH）和羰基(>C=O)也无明显变化规律，亚甲基(—CH₂—)含量呈逐渐增大趋势。亚甲基(—CH₂—)是煤的大分子结构中常见的连接基本结构单元的桥键，其含量的增加，表明炭料的有机缩聚结构受到了活化烧蚀的破坏，部分聚合单元被破解为桥键连接体，进一步佐证了前述碳结构分析结果，说明类石墨化的晶化碳参与了活化反应且为烧蚀主体。

5.3.2.5 活性炭的微观形貌

活性炭样品的扫描电子显微镜图片如图5.17所示，放大倍数为10万倍。可以看出，活性炭样品的表面孔随活化温度的逐渐升高（依次为图（a）、图（b）、图（c）和图（d））、活化时间的逐渐增加（图依次为图（e）、图（c）和图（f））和活化剂量的逐渐增大（依次为图（g）、图（c）和图（h）），表现出分布逐渐增密、孔径逐渐增大的趋势，说明活化程度逐渐加深，碳烧失逐渐转为由内向外，最终烧蚀炭表面。

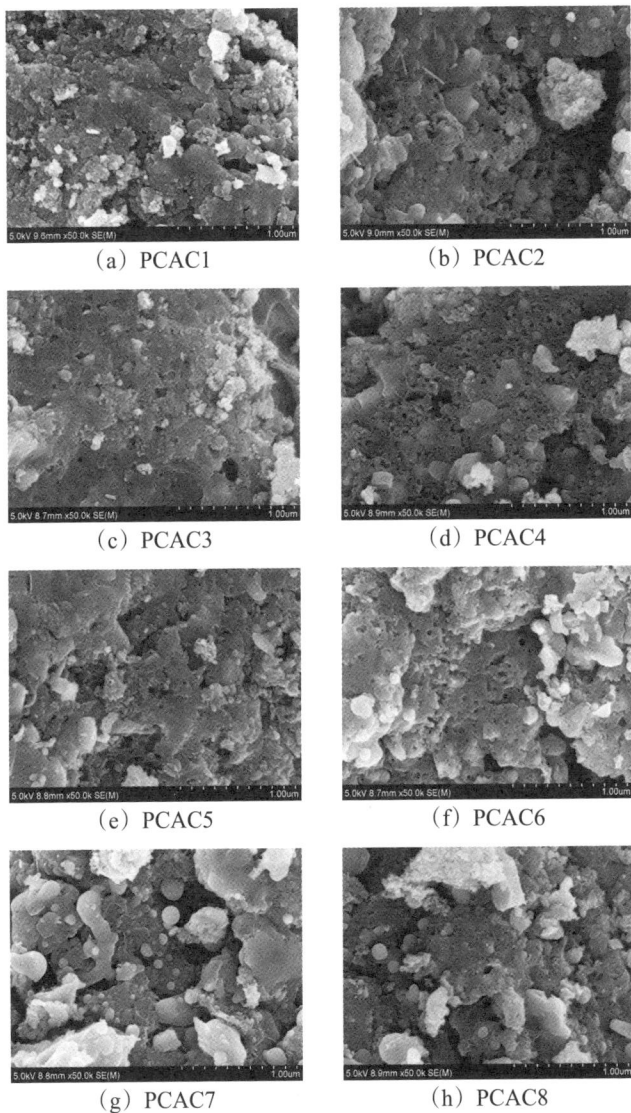

(a) PCAC1 (b) PCAC2

(c) PCAC3 (d) PCAC4

(e) PCAC5 (f) PCAC6

(g) PCAC7 (h) PCAC8

图5.17 二氧化碳活化制备活性炭样品的SEM图像

5.3.3　物理活化法制备泥炭基活性炭的工艺优化

汇总本章及第4章水蒸气活化法和二氧化碳活化法制得泥炭基活性炭样品的孔结构参数数据，可得不同工艺条件下孔结构参数 V_{micro}、V_{meso}、V_{2-5} 的极大值，如表5.10所示。

表5.10　不同物理活化工艺条件下泥炭基活性炭孔结构参数的极大值

水蒸气活化			二氧化碳活化		
工艺条件		极大值/(cm³·g⁻¹)	工艺条件		极大值/(cm³·g⁻¹)
炭化温度/℃	450 V_{micro}	0.124			
	550 V_{meso}	0.376			
	550 V_{2-5}	0.099 4			
活化温度/℃	800 V_{micro}	0.126	活化温度/℃	900 V_{micro}	0.127
	800 V_{meso}	0.424		900 V_{meso}	0.284
	750 V_{2-5}	0.117		900 V_{2-5}	0.071 7
活化时间/min	120 V_{micro}	0.126	活化时间/min	120 V_{micro}	0.127
	120 V_{meso}	0.424		120 V_{meso}	0.284
	120 V_{2-5}	0.105		120 V_{2-5}	0.071 7
水蒸气通量/(g·(g·char·h)⁻¹)	0.5 V_{micro}	0.119	CO₂流量/(mL·min⁻¹)	200 V_{micro}	0.127
	1.0 V_{meso}	0.421		200 V_{meso}	0.284
	1.0 V_{2-5}	0.0552		200 V_{2-5}	0.071 7

从表5.10中可以看出，水蒸气活化法制得活性炭样品的 V_{2-5} 极大值明显大于二氧化碳活化法，优化物理活化工艺制备泥炭基活性炭应优先采用水蒸气活化法或以水蒸气活化法为主；水蒸气活化法与二氧化碳活化法获得孔隙最佳发育程度的活化时间均为120 min，采用水蒸气+二氧化碳联合活化优化制备工艺时可设定活化时间为120 min。

根据第3章的研究结论，适于吸附净化二噁英的活性炭应具有发达的中孔（2～50 nm），尤其是2～5 nm的孔隙，结合本章前述水蒸气活化制备泥炭基活性炭2～5 nm孔隙主要伴随微孔发育的特征，可提出以下4个优化方案。

方案1：仅采用水蒸气活化法，间接调控微孔发育来调控2～5 nm孔隙发育。设定制备工艺参数与获得微孔容极大值时相同，即炭化温度为450 ℃，活化温度为800 ℃，活化时间为120 min，水蒸气通量为0.5 g/(g·char·h)。

方案2：仅采用水蒸气活化法，直接调控2～5 nm孔隙和中孔发育。设定制备工艺参数与获得2～5 nm孔容和中孔容极大值时相同或取其均值，即炭化温度为550 ℃，活化温度为775 ℃，活化时间为120 min，水蒸气通量为1.0 g/(g·char·h)。

方案3：以水蒸气活化法为主，联合二氧化碳活化法，间接调控微孔发育来调控2～5 nm空隙发育。设定制备工艺参数与获得微孔容极大值时相同，即炭化温度为450 ℃，活化温度为800 ℃，活化时间为120 min，水蒸气通量为0.5 g/(g·char·h)，二氧化碳流量为200 mL/min。

方案4：以水蒸气活化法为主，联合二氧化碳活化法，直接调控2～5 nm孔隙和中孔发育。设定制备工艺参数与获得2～5 nm孔容和中孔容极大值时相同或取其均值，即炭化温度为550 ℃，活化温度为775 ℃，活化时间为120 min，水蒸气通量为1.0 g/(g·char·h)，二氧化碳流量为200 mL/min。

将上述4个优化方案的制备工艺参数汇总，如表5.11所示，更能清晰对比。

方案编号	炭化温度/℃	活化温度/℃	活化时间/min	水蒸气通量/ $(g \cdot (g \cdot char \cdot h)^{-1})$	CO_2流量/ $(mL \cdot min^{-1})$
1	450	800	120	0.5	
2	550	775	120	1.0	
3	450	800	120	0.5	200
4	550	775	120	1.0	200

将方案1、2、3、4制得泥炭基活性炭样品分别命名为WY-AC1、WYAC2、WYAC3、WYAC4，各样品的氮气吸附等温线如图5.18所示。

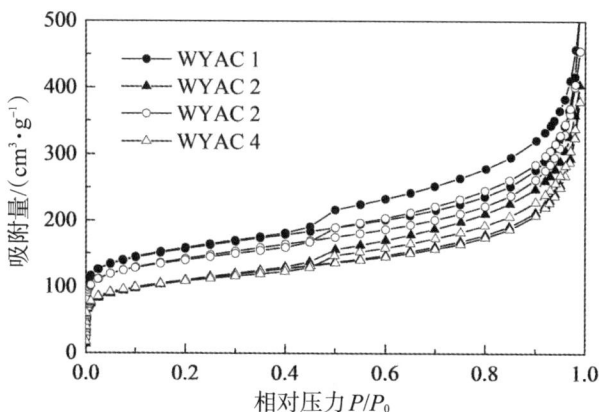

图5.18 优化的物理活化工艺制备活性炭样品的 N_2吸附–脱附等温线

解析图5.18中的吸附等温线，得到各优化方案下制得活性炭样品的孔结构参数，如表5.12所示。

表5.12 优化的物理活化工艺制备活性炭样品的孔结构参数

样品	$S_{BET}/$ $(m^2 \cdot g^{-1})$	比孔容/$(cm^3 \cdot g^{-1})$				比孔容率/%		D_{ave}
		V_t	V_{micro}	V_{meso}	V_{2-5}	中孔	2～5nm孔	
WYAC1	547	0.591	0.135	0.437	0.129	73.94	21.83	5.23
WYAC2	481	0.544	0.116	0.415	0.112	76.29	20.59	5.62
WYAC3	521	0.577	0.129	0.426	0.121	73.83	20.97	4.98
WYAC4	445	0.516	0.108	0.398	0.101	77.13	19.57	5.41

从表5.12中可以看出，各优化方案制得活性炭样品的2～5 nm 孔容和中孔容接近或大于优化前所得样品的极大值，2～5 nm孔容率大于19%，优于市售Norit公司生产脱汞、脱二噁英吸附用活性炭DARCO FGD（16.78%）和DARCO FGD（12.80%）。方案1和方案3制得活性炭样品的孔隙发达程度优于方案2和方案4，可见，采用水蒸气活化或以水蒸气活化为主要活化方式制备泥炭基活性炭时，通过直接调控微孔的发育来调控2～5 nm孔隙的发育是行之有效的；所选活化温度范围内，二氧化碳的存在不利于孔隙的发育。

进一步利用QSDFT方法解析图5.18中的吸附等温线，可得孔径分布曲线如图5.19所示（为便于清晰比较，仅展示0.5～20 nm孔段分布），可见各活性炭样品在孔径3.4 nm附近均有明显的集中分布，其中方案1所得样品的集中分布强度最大。

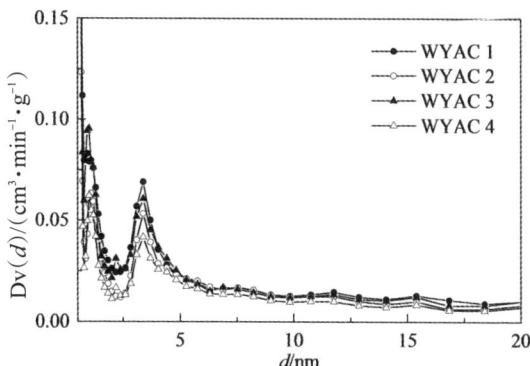

图 5.19　优化的物理活化工艺制备活性炭样品的孔径分布曲线

5.4　本章小结

本章采用物理活化法制得一系列泥炭基活性炭样品，探讨了物理活化工艺参数对活性炭吸附性能、孔结构、碳结构、表面化学、微观形貌等的影响规律和 2～5 nm 孔的调控途径，建立了活性炭孔结构演化与碳烧失的关系，形成如下几点结论。

（1）水蒸气活化制备泥炭基活性炭的孔结构演化随活化温度的升高分为造孔（750～800 ℃）、扩孔（800～850 ℃）、孔塌陷（850～900 ℃）和炭表面烧蚀（900～950 ℃）4 个阶段，分别以无序炭及散乱石墨层结构、散乱石墨层结构及平行的石墨层间的不规则层、活性位点碳、规则的石墨微晶结构的烧蚀为主；随活化时间的增加分为充分发育期（60～120 min）和过度发育期（120～150 min）2 个阶段，分别以无序炭和活性位点碳的烧蚀为主；水蒸气通量的增加仅体现扩孔作用，水蒸气通量较小时（0.5～0.75 g/(g·char·h)）和较大时（0.75～1.0 g/(g·char·h)），分别以烧蚀散乱石墨层结构和平行的石墨层间的不规则层，以及烧蚀活性位点碳和规则的石墨微晶结构为主。

（2）二氧化碳活化制备泥炭基活性炭的孔结构演化随活化温度的升高，微孔容、中孔容在900 ℃取得极大值，各类碳结构的烧蚀在800～850 ℃无明显区别，850～900 ℃以烧蚀规则的石墨微晶结构为主，900～950 ℃以烧蚀不规则石墨层和无序炭为主；随着活化时间和二氧化碳流量的增加，微孔容、中孔容分别在120 min、200 mL/min时取得极大值，活化过程分别全程烧蚀不规则石墨层（散乱石墨层结构和平行的石墨层间的不规则层）和规则的石墨微晶结构。

（3）水蒸气活化法制备泥炭基活性炭2～5 nm孔的发育规律与微孔趋于一致，有效的调孔是通过全程清除无序炭、部分消耗缺陷微晶炭以及少量激活活性位点碳来实现的。二氧化碳活化制备泥炭基活性炭2～5 nm孔的发育程度取决于总体孔隙的发达程度，主要伴随中孔发育，晶化碳（散乱石墨层结构、平行的石墨层间的不规则层、规则的石墨微晶结构）的烧蚀利于孔结构发育，非晶化碳（无序炭、活性位点碳）的烧蚀不利于孔结构发育。

（4）物理活化（水蒸气活化和二氧化碳活化）制得活性炭的表面主要含有羟基（—OH）、羰基（>C=O）和亚甲基（—CH$_2$—）官能团。活化工艺对羟基含量无明显作用，羰基含量随水蒸气活化温度的升高呈减小趋势，亚甲基含量随水蒸气活化温度的增加而减少，随二氧化碳活化时间和活化剂量的增加而增大。

（5）采用优化的物理活化工艺参数（炭化温度450 ℃、活化温度800 ℃、活化时间120 min、水蒸气通量0.5 g/(g·char·h)），制得泥炭基活性炭样品的2～5 nm孔容可达0.129 cm^3/g，2～5 nm孔容率为21.83 %，中孔率为73.94%，孔结构优于或接近于市售国际品牌垃圾焚烧烟道气净化用活性炭。

参考文献

[1] 刘振宇, 郑经堂, 王茂章, 等. 多孔炭的纳米结构及其解析[J]. 化学进展, 2001, 13(1): 10-18.

[2] 解强, 姚鑫, 杨川, 等. 压块工艺条件下煤种对活性炭孔结构发育的影响[J]. 煤炭学报, 2015(01): 196-202.

[3] 左宋林. 磷酸活化法活性炭孔隙结构的调控机制[J]. 新型炭材料, 2018, 33(4): 289-302.

[4] 邓锋, 解强, 杨敏建, 等. 泥炭基活性炭水蒸气活化过程孔结构演化的碳烧失特征[J]. 煤炭学报, 2020, 45(8): 2977-2986.

[5] 蒋煜. 大同煤配煤制备水处理用压块活性炭研究[D]. 北京: 中国矿业大学(北京), 2018.

[6] 李艳芳, 孙仲超. 国内外活性炭产业现状及我国活性炭产业的发展趋势[J]. 新材料产业, 2012(11): 4-9.

[7] 蒋剑春, 孙康. 活性炭制备技术及应用研究综述[J]. 林产化学与工业, 2017, 37(01): 1-13.

[8] 蒋剑春. 活性炭制造与应用技术[M]. 北京: 化学工业出版社, 2018.

[9] 解强, 边炳鑫. 煤的炭化过程控制理论及其在煤基活性炭制备中的应用[M]. 徐州: 中国矿业大学出版社, 2002.

[10] 朱玉雯, 李浩宇, 刘冬冬, 等. 基于活化过程碳烧失特性的孔结构发展机制[J]. 煤炭学报, 2017, 42(12): 3292-3299.

[11] 林雄超, 王彩红, 田斌, 等. 脱灰对两种烟煤半焦碳结构及 CO_2 气化反应性的影响[J]. 中国矿业大学学报, 2013(06): 1040-1046.

[12] SHENG C. Char structure characterised by Raman spectroscopy and its correlations with combustion reactivity[J]. Fuel, 2007, 86

(15):2316-2324.

[13] BEYSSAC O, GOFFÉ B, PETITET J, et al. On the character-
ization of disordered and heterogeneous carbonaceous materials
by Raman spectroscopy[J]. Spectrochimica Acta Part A: Molecu-
lar and Biomolecular Spectroscopy, 2003,59(10):2267-2276.

[14] WILLIAM F D, RICHARDS G N, et al. Relative rates of car-
bon gasification in oxygen, steam and carbon dioxide[J]. Car-
bon, 1989,27(2):247-252.

[15] 刘植昌, 凌立成, 刘朗. CO_2 活化对含铁沥青基炭球中孔形成
的影响[J]. 煤炭转化, 1999,22(02):71-74.

[16] JOHNS M M, MARSHALL W E, TOLES C A. The effect of ac-
tivation method on the properties of pecan shell - activated car-
bons[J]. Journal of Chemical Technology & Biotechnology,
1999,74(11):8.

[17] RODRÍGUEZ-REINOSO F, MOLINA-SABIO M, GONZÁLEZ
M T. The use of steam and CO_2 as activating agents in the prepa-
ration of activated carbons[J]. Carbon, 1995,33(1):15-23.

[18] CHATTOPADHYAYA G, MACDONALD D G, BAKHSHI N
N, et al. Preparation and characterization of chars and activated
carbons from Saskatchewan lignite[J]. Fuel Processing Technolo-
gy, 2006,87(11):997-1006.

[19] ROMÁN S, GONZÁLEZ J F, GONZÁLEZ-GARCÍA C M, et
al. Control of pore development during CO_2 and steam activation
of olive stones[J]. Fuel Processing Technology, 2008, 89(8):
715-720.

[20] 杨坤彬. 物理活化法制备椰壳基活性炭及其孔结构演变[D]. 昆
明: 昆明理工大学, 2010.

第6章 磷酸存在下泥炭的炭化/活化及化学活化制备泥炭基活性炭

6.1 引言

活性炭的制备，是一个选择合适活化剂与富碳原料发生复杂化学反应，实现在炭中造孔的过程，理论上所有富含有机质的物质均可作为活性炭制备的原料，但迄今为止能够实现规模化生产的，无非煤炭和生物质两大类。在层出不穷的制备方法中，气体活化法（CO_2或/和H_2O）常用于工业生产煤基活性炭，化学活化法（H_3PO_4、$ZnCl_2$等）常用工业生产木质活性炭。

磷酸作为活化剂制备活性炭的研究由来已久，工业上大规模生产应用也有近40年的历史[1-2]，适用于几乎所有植物纤维原料。磷酸活化法与其他化学活化法（比如氯化锌法）相比，具有产生废气少、对设备腐蚀较弱的优点，被认为是最具有潜力的绿色活性炭工业生产方法[1]。

由于原始植物在成煤过程中还未经历煤化作用，所形成的阶段性产物泥炭仍存在一定比例的纤维素、半纤维素和木质素等植物有机结构[3-5]，H、O含量分别大于5%和25%[6-7]，可认为是经过了亿万年生物化学作用和地球化学作用的"年老生物质"。将化学活化法制备木质活性炭的研究手段运用于泥炭基活性炭的制备，既具有原料组成、性质的相通性基础，也可为泥炭基活性炭孔结构的调控提供新途径。

本章利用热重分析模拟磷酸存在下泥炭的炭化/活化过程，并控制炭化/活化参数制得炭化料和活性炭，测定炭化料的工业分析指标和活性炭的碘吸附值、亚甲蓝吸附值、焦糖脱色率，表征活性炭的孔结构以及炭化料和活性炭的碳结构、表面化学、微观形貌，在此基础上阐明磷酸对泥炭的活化作用机理和活化工艺参数对活性炭孔结构发育特别是2～5 nm孔发育的影响规律，优化磷酸化学活化工艺制备2～5 nm孔发达活性炭样品。研究结果能从窄孔段(2～5 nm)定向调控角度完善活性炭中孔调控技术和相关理论。

6.2 实验

6.2.1 泥炭样品

本章所用泥炭样品为空气干燥泥炭样，其组成、性质详见第3章3.1节，命名为"Raw"。通过浸渍实验向泥炭中添加磷酸，具体做法为：按磷酸溶液体积/绝干泥炭质量为2.5 mL∶1 g的比例混匀空气干燥泥炭样和磷酸溶液，磷酸溶液的浓度分别按100%纯磷酸质量与绝干泥炭质量比为0.3∶1、0.7∶1、1.0∶1、1.2∶1、1.5∶1的比例配制；浸渍过程在70 ℃水浴条件下进行，每间隔30 min搅拌一次，直至混合体凝固不可搅拌，之后摊放于烘箱中于120 ℃干燥12 h后，取出研磨至90 %小于0.074 mm，分别编号为0.3P、0.7P、1.0P、1.2P和1.5P。

6.2.2 炭化料、活性炭的制备

炭化料、活性炭样品的制备方法分别详见第3章3.3.1节和3.3.3节，样品编号及制备工艺参数如表6.1所示。需要说明的是，PSC1～PSC6的炭化/活化时间仅为30 min，可视为化学活化

制备泥炭基活性炭的阶段性固体产物，在此统称为炭化料；PSC1
与第4章4.2.2节中的炭化料PC7为同一样品，为表述方便，本章
使用"PSC1"进行编号。另有优化工艺参数制备泥炭基活性炭样
品，详见本章6.3.3节。

表6.1　炭化料、活性炭样品的制备工艺条件

样品编号	磷酸浸渍比	炭化/活化温度/℃	炭化/活化时间/min
PSC1	0	500	30
PSC2	0.3	500	30
PSC3	0.7	500	30
PSC4	1.0	500	30
PSC5	1.2	500	30
PSC6	1.5	500	30
PSAC1	0.7	500	180
PSAC2	1.0	500	180
PSAC3	1.2	500	180
PSAC4	1.5	500	180
PSAC5	1.2	400	180
PSAC6	1.2	450	180
PSAC7	1.2	550	180
PSAC8	1.2	600	180
PSAC9	1.2	450	120
PSAC10	1.2	450	150
PSAC11	1.2	450	210

6.2.3 样品表征

本章利用热重分析(TGA)考察浸渍磷酸泥炭的炭化/活化反应性，利用X射线衍射(XRD)分析炭化料的微晶结构，利用激光拉曼光谱(Raman)分析炭化料及活性炭的碳结构，利用傅里叶变换红外光谱(FTIR)分析炭化料及活性炭的表面化学，利用扫描电子显微镜(SEM)观察炭化料及活性炭的表观形貌，利用气体吸附仪(N_2-吸脱附)分析活性炭的比表面积及孔结构，测定了炭化料的工业分析指标和活性炭的碘吸附值、亚甲蓝吸附值、焦糖脱色率。表征方法说明详见第3章3.4节。

6.3 结果与讨论

6.3.1 磷酸存在下泥炭的炭化/活化过程

6.3.1.1 浸渍磷酸泥炭样品的热重分析

固化升温速率为10 ℃/min，利用N_2氛围下的热重实验模拟不同磷酸浸渍比泥炭样品的炭化/活化过程，结果如图6.1所示。可以看出，泥炭浸渍磷酸后，高于350 ℃的失重程度大幅降低，最大失重峰温度从300 ℃附近偏移至200 ℃附近，且200 ℃附近的最大失重速率随磷酸浸渍比的增加逐渐降低。可见，磷酸改变了泥炭的炭化路径，减少了碳损失，这与C—O—P交联结构的生成有关。已有研究表明，磷酸可在150～200 ℃[8]甚至低于150 ℃[9]时明显促进高聚糖（纤维素、半纤维素）水解，所含的3个羟基与高聚糖及其降解产物中的羟基缩合形成磷酸酯键[2]，反应将持续到450 ℃左右[2]，是磷酸活化法制备活性炭形成发达孔结构的基础[2]，该作用机制同样适用于含有纤维素、半纤维素等植物有机结构的泥炭[10]。

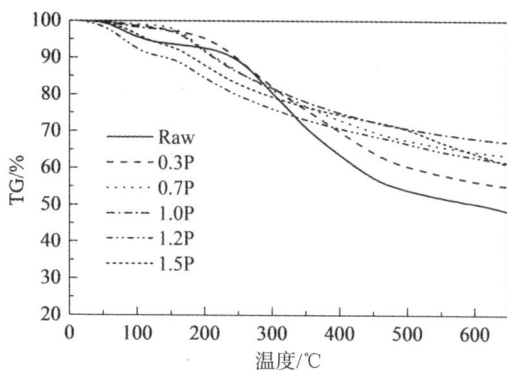

（a）TG曲线

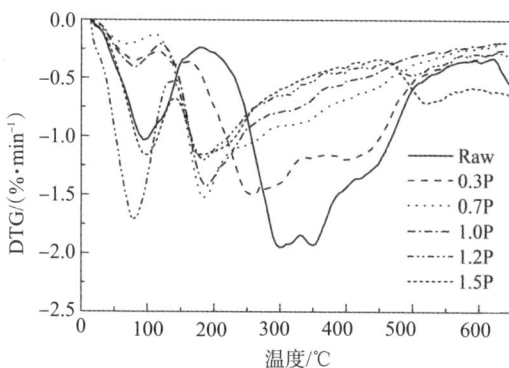

（b）DTG曲线

图6.1　不同磷酸浸渍比泥炭样品的TG、DTG曲线

进一步固化磷酸浸渍比为1.0，模拟不同升温速率下泥炭的炭化/活化过程，结果如图6.2所示。由图中TG曲线可以看出，在400 ℃之前，泥炭的失重程度随升温速率的增加而减小，经过约50 ℃的过渡，在450 ℃之后则反之。说明较低的升温速率可为磷酸–泥炭混合体系的炭化/活化反应提供更充裕的时间，利于低温时（低于400 ℃）交联反应充分进行，同时由于低升温速率延长了

体系受热的温度-时间历程，使得能量供应强度（单位时间获得的热量）变弱，还可有效降低已生成的磷酸碳骨架在高温下（高于450 ℃）热收缩破坏的程度，故磷酸活化制备泥炭基活性炭应在较低升温速率下进行，这也是本章以 5 ℃/min 作为活化升温速率的依据。图6.2 中的DTG曲线表明，泥炭样的总体失重速率随升温速率的提高而增大，说明升温速率强化了能量供应强度，加快了整体反应速率。

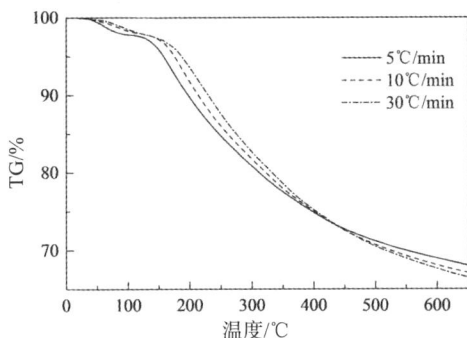

（a）TG 曲线

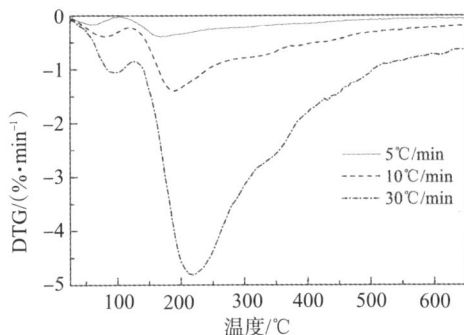

（b）DTG 曲线

图6.2 浸渍磷酸泥炭样品在不同升温速率下的TG、DTG曲线

6.3.1.2　炭化料的化学组成

不同磷酸浸渍比泥炭样品制得炭化料的化学组成如表6.2所示，炭化产率(CY)的计算方法详见第3章3.3.1节。将表6.2中数据与磷酸浸渍比关联，得到如图6.3所示关系曲线。

表6.2　磷酸存在下泥炭的炭化产率及炭化料的工业分析

样品	CY/%	M_{ad}/%	A_d/%	V_{daf}/%	FC_{daf}/%
PSC1	54.20	1.55	28.42	26.58	73.42
PSC2	59.28	1.02	32.23	22.97	77.03
PSC3	64.60	0.88	33.29	21.66	78.34
PSC4	58.59	1.06	25.08	17.04	82.96
PSC5	63.27	0.97	23.11	15.49	84.51
PSC6	68.27	0.85	24.50	15.37	84.63

从图6.3中可以看出，随着磷酸浸渍比的增加，炭化料的固定碳含量逐渐增加，说明磷酸能抑制泥炭的有机分子结构中较小基团的脱落，起到"固碳"作用，与热重分析结果一致。同时还可看出，浸渍比小于0.7时，灰分产率随浸渍比的增加而增大，说明磷酸还可与泥炭中的无机矿物生成具有较大分子量的不可溶磷酸盐，产生"增灰"效应；炭化产率的变化趋势与灰分产率一致，说明此时"增灰"效应大于"固碳"作用。浸渍比大于0.7时，灰分产率有所下降，随之大于1.0后，炭化产率的变化趋势转为与固定碳含量一致，说明此时"固碳"作用大于"增灰"效应。适度提高浸渍比，可降低"增灰"效应对磷酸活化制备泥炭基活性炭的影响。

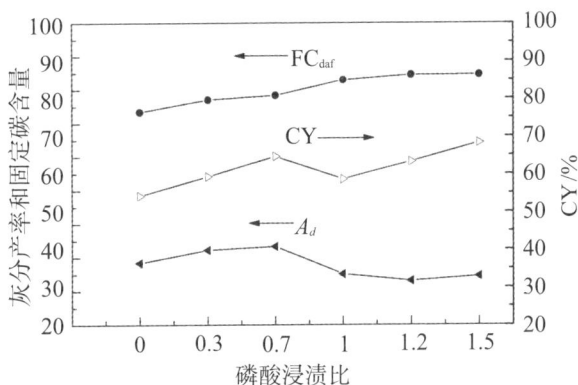

图6.3　炭化产率、工业分析指标与磷酸浸渍比的关系

6.3.1.3　炭化料的微晶结构

炭化料的 XRD 谱图如图 6.4 所示。可以看出，随着磷酸浸渍比的增加，炭化料的（002）峰由平缓变得尖锐(浸渍比0～1.2)，然后趋于平缓(浸渍比1.2～1.5)。说明一定量磷酸的存在可促进泥炭形成结构更加有序的炭料，这也是"固碳"作用的体现。但当磷酸超过一定量后，则促进了无序化炭料的生成，这种现象可从磷酸的溶胀作用角度进行解释：普遍认为[4, 6]，煤的结构是三维空间高度交联的非晶质高分子聚合体，连接煤的基本结构单元形成网状结构的化学键具有一定的弯曲和伸展的灵活性，低分子溶剂(如过量的磷酸)可进入其大分子网格中造成高分子聚合物的溶胀，增大聚合物交联点之间的距离，使其结构趋于松散和无序。从图6.4中还可看出，（100)峰的峰形随磷酸浸渍比的变化情况不明显，说明磷酸对泥炭炭化料芳香层片大小的影响甚微，交联作用主要连接含碳小分子碎片。

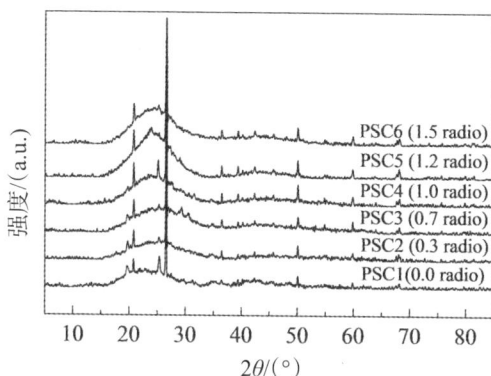

图6.4　磷酸存在下泥炭炭化料的XRD图谱

解析图6.4，得出炭化料微晶结构的两相邻炭层间距d_{002}、层面直径L_a、层片堆积高度L_c的值，并计算出石墨化度g，如表6.3所示。

表6.3　磷酸存在下泥炭炭化料的微晶尺寸和石墨化度

样品	浸渍比/%	d_{002}/nm	L_c/nm	L_a/nm	g
PSC1	0	0.3696	1.0402	1.9217	0.2330
PSC2	0.3	0.3674	1.1490	2.2125	0.2818
PSC3	0.7	0.3652	1.2817	2.3754	0.3318
PSC4	1.0	0.3548	1.5387	2.5430	0.5645
PSC5	1.2	0.3501	1.6864	3.5726	0.6698
PSC6	1.5	0.3525	1.4780	3.0732	0.6154

从表6.3中可以看出，随着磷酸浸渍比的增加，炭化料两相邻炭层间距d_{002}先减小后增大，在浸渍比为1.2处取得极小值，相应的微晶尺寸L_a、L_c及石墨化度g先增加后减小，与XRD谱图中(002)峰所表现的信息吻合。

综合来看，低浸渍比磷酸可促进泥炭炭化料趋于结构有序化，高浸渍比则促进结构无序化，这为磷酸活化制备泥炭基活性炭提供了很好的科学参考，如制备微孔发达活性炭应在较低浸渍比条件下进行，制备中大孔活性炭则应在高浸渍比条件下进行，这也是本章制备泥炭基活性炭时选择磷酸浸渍比大于0.7的依据。

6.3.1.4 炭化料的表面化学

炭化料的FTIR谱图如图6.5所示，可见官能团区3 200～3 650 cm^{-1}有较强的醇和酚的羟基(—OH)特征吸收峰，1 500～2000 cm^{-1}有明显的羰基(＞C＝O)吸收峰，指纹区1 050～1 250 cm^{-1}有呼应的碳氧吸收带，可判定其表面主要存在缔合羟基(—OH)和羰基(＞C＝O)官能团。1 401 cm^{-1}附近表现出的吸收峰可能与杂芳环有关。

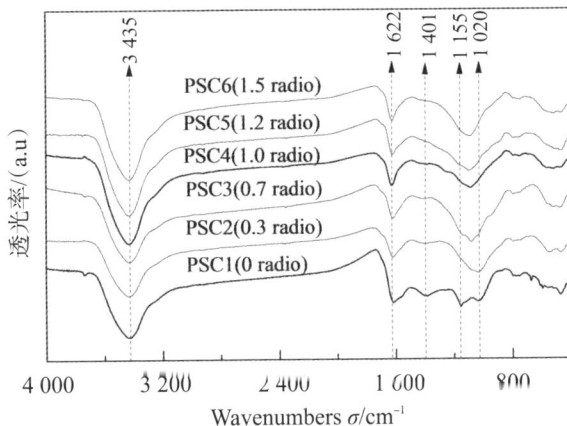

图6.5 磷酸存在下泥炭炭化料的FTIR图谱

从图6.5中还可看出，炭化料的表面官能团中羟基的吸收峰强度随磷酸浸渍比的增加逐渐加强，羰基的吸收峰强度无明显变化规律。说明磷酸在活化过程中与泥炭发生交联反应时，其分子中所含的羟基结构并未完全参与反应，最终增加了炭化料的羟基官能团含量，该过程可用图6.6简化描述。

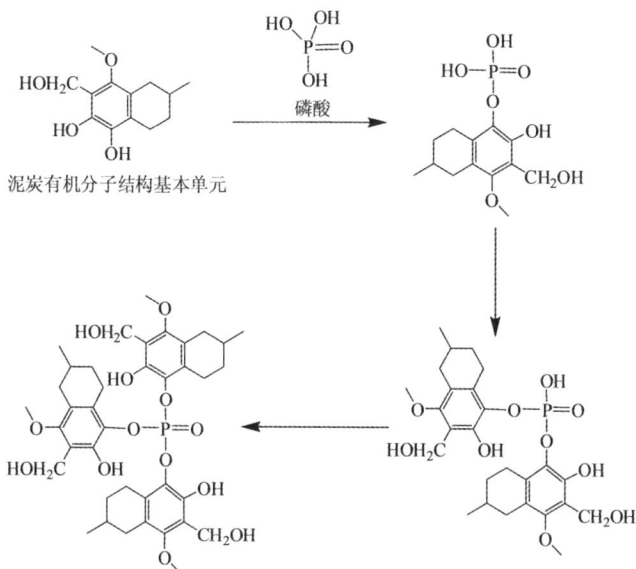

图6.6 泥炭与磷酸交联反应的过程示意

6.3.1.5 炭化料的微观形貌

炭化料的扫描电子显微镜（SEM）图像如图6.7所示，放大倍数为5万倍。可以看出，随着磷酸浸渍比的增大，炭化料的表观先趋于平整后趋于松散，直观反映了前述微晶结构随磷酸浸渍比的增大先趋于有序后趋于无序的变化规律。

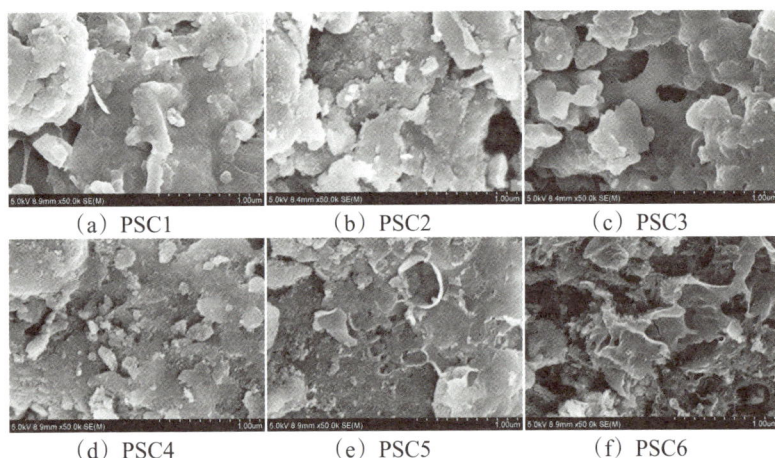

(a) PSC1 　　　(b) PSC2 　　　(c) PSC3

(d) PSC4 　　　(e) PSC5 　　　(f) PSC6

图6.7　磷酸存在下泥炭炭化料的SEM图像

6.3.2　磷酸活化法制备泥炭基活性炭

6.3.2.1　活性炭的产率及吸附性能

活性炭样品的产率及吸附性能数据如表6.4所示，活化产率的计算方法详见第3章3.3.3节。从表6.4中可以看出，活性炭样品的活化产率大于50%，微孔、中孔和中大孔均有一定程度的发育。

表6.4　活化产率及活性炭样品的吸附性能指标

样品	活化产率/%	碘吸附值/（mg·g⁻¹）	亚甲蓝吸附值/（mg·g⁻¹）	焦糖脱色率/%
PSAC1	54.88	360	60	3
PSAC2	58.22	348	74	24
PSAC3	69.68	344	74	43
PSAC4	68.45	382	96	58
PSAC5	59.30	496	102	53
PSAC6	67.65	402	86	47

样品	活化产率/%	碘吸附值/(mg·g⁻¹)	亚甲蓝吸附值/(mg·g⁻¹)	焦糖脱色率/%
PSAC7	68.95	268	70	38
PSAC8	65.09	238	56	31
PSAC9	68.36	419	84	44
PSAC10	69.78	410	82	42
PSAC11	67.34	389	80	36

将表6.4中的活化产率（Y）、碘吸附值（E_I）、亚甲蓝吸附值（E_{MB}）和焦糖脱色率（ω）数据分别与磷酸浸渍比、活化温度和活化时间进行关联、绘图，得到如图6.8所示关系曲线。

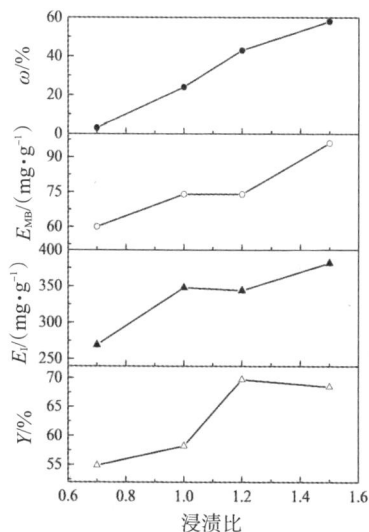

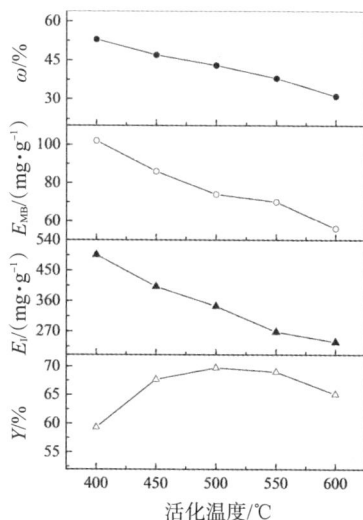

（a）不同浸渍比　　　（b）不同活化温度

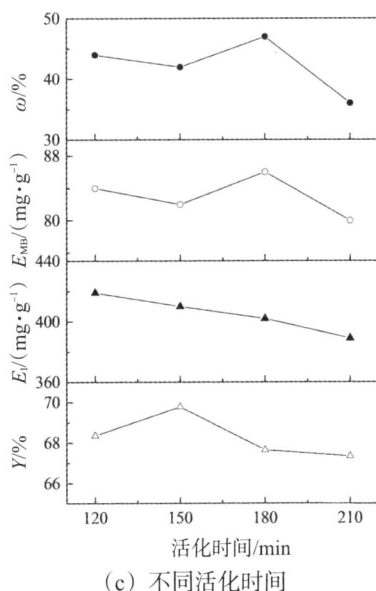

（c）不同活化时间

图6.8 活性炭烧失率、吸附性能与制备条件的关系

从图6.8中可以看出，活性炭的产率随磷酸浸渍比、活化温度和活化时间的增加，分别在浸渍比为1.2、温度为500 ℃和时间为150 min处取得极大值，说明泥炭基活性炭的产率可通过以上3个参数进行有效调控。活性炭样品的碘吸附值、亚甲蓝吸附值、焦糖脱色率随磷酸浸渍比的增加呈逐渐增大趋势，随活化温度的增加逐渐减小，说明增加磷酸浸渍比有利于提高活性炭的孔隙发达程度，升高活化温度则不利于发达孔隙的生长。随活化时间的增加，碘吸附值逐渐减小，亚甲蓝吸附值和焦糖脱色率先小幅度波动（120～180 min），然后明显减小（大于180 min），说明过长的活化时间对活性炭孔隙的发育也是不利的。孔隙发达的泥炭基活性炭应在高浸渍比、低活化温度、较短活化时间条件下制得。

6.3.2.2　活性炭的孔结构

活性炭样品的 N_2 吸附等温线如图 6.9 所示，其吸附等温线属于Ⅳ型，回滞环的出现表明其孔隙结构中存在中大孔。

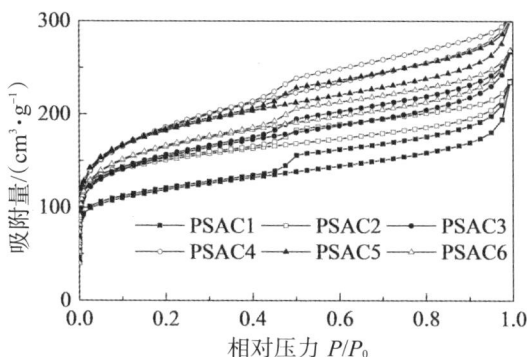

（a）PSAC1～PSAC6

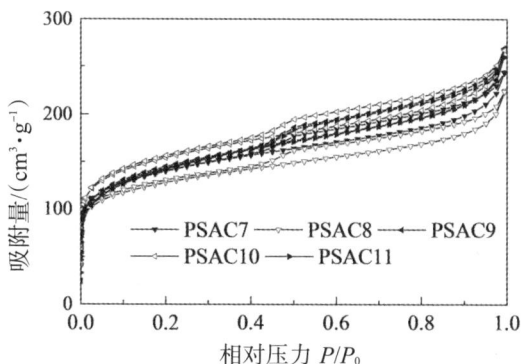

（b）PSAC7～PSAC11

图 6.9　泥炭基活性炭样品的 N_2 吸附–脱附等温线

解析图 6.9 中的吸附等温线，得出活性炭样品的孔结构参数，如表 6.5 所示。从表中可以看出，活性炭样品的中孔率为 38 %～53 %，属于中孔发达的活性炭；2～5 nm 孔容率大于 14 %，最高可达31%，与Norit公司生产的脱汞、脱二噁英专用活性炭DARCO FGD(16.78%)[11]和DARCO FGL(12.80%)[11]相当或略优（DARCO FGD和DARCO FGL的孔结构参数见第1章表1.1）；2～5 nm孔容最高可达0.147 5 cm³/g，与DARCO FGL(0.16 cm³/g)接近。同时还可看出，活性炭样品2～5 nm孔占中孔容比率除PSAC1外，均大于44%，最高达70.24%，优于DARCO FGD(约23%)[11]和DARCO FGL(约18%)[11]，说明中孔在2～5 nm孔径明显集中分布。

将表6.5中的数据与活性炭制备的工艺条件进行关联，得到泥炭基活性炭的孔结构随磷酸浸渍比、活化温度和活化时间的演变过程，如图6.10所示。

表6.5　活性炭的孔结构参数

样品	$S_{BET}/$ $(m^2 \cdot g^{-1})$	比孔容/ $(cm^3 \cdot g^{-1})$				比孔容率/%		2～5 nm 孔的中 孔占比/%	D_{ave}
		V_t	V_{micro}	V_{meso}	V_{2-5}	中孔	2～5nm孔		
PSAC1	555	0.365	0.129	0.193	0.053 6	52.95	14.71	27.78	3.34
PSAC2	653	0.363	0.204	0.141	0.075 7	38.85	20.85	53.67	2.59
PSAC3	620	0.414	0.158	0.186	0.083 0	44.97	20.07	44.62	2.95
PSAC4	679	0.475	0.152	0.210	0.147 5	44.20	31.04	70.23	2.85
PSAC5	699	0.466	0.190	0.196	0.097 3	42.06	20.88	49.64	2.81
PSAC6	634	0.418	0.172	0.186	0.088 5	44.54	21.19	47.58	2.87
PSAC7	575	0.378	0.140	0.171	0.078 2	45.29	20.70	45.71	2.96
PSAC8	546	0.347	0.125	0.161	0.075 4	46.45	21.76	46.85	2.97
PSAC9	511	0.416	0.136	0.205	0.091 6	49.26	22.02	44.70	3.16
PSAC10	650	0.461	0.162	0.214	0.105 2	46.40	22.82	49.17	3.01
PSAC11	540	0.402	0.132	0.192	0.094 2	47.73	23.41	49.05	3.09

注：S_{BET}为比表面积；V_t为总孔容积；V_{micro}为微孔容积；V_{meso}为中孔容积；V_{2-5}为2～5 nm孔段的孔容积；D_{ave}为平均孔径。

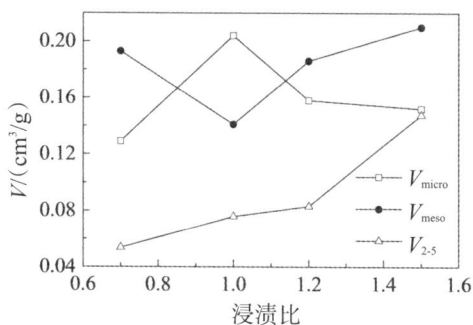

（a）不同浸渍比

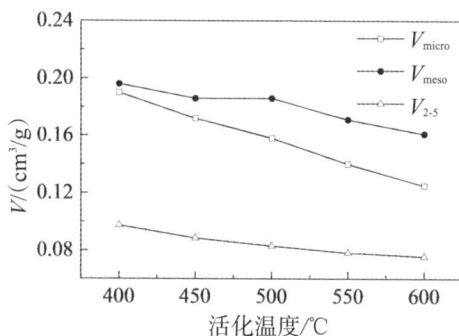

（b）不同活化温度

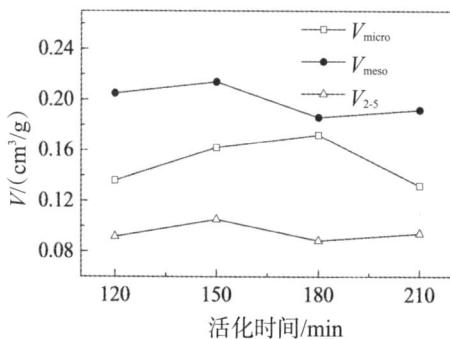

（c）不同活化时间

图6.10　泥炭基性炭孔结构的演化

从图6.10可以看出：①随着磷酸浸渍比增加，活性炭的微孔首先得到显著发展（浸渍比0.7～1.0），然后中孔得到显著发展（浸渍比1.0～1.5），与文献[12]研究发现一致，2～5 nm孔容持续增大。微孔的显著发育应与磷酸的交联作用有关，磷酸酯键将泥炭中有机单元结构连接成网并无序排列形成孔隙，这种作用主要体现在磷酸的加入量较少时；当磷酸的加入量较多时，交联反应已经得以充分进行，孔隙发育转为磷酸的骨架作用为主导，磷酸为活化新生炭提供沉积骨架[13]，经后续洗涤除去形成孔隙，磷酸含量越大中大孔的生成量越多。2～5 nm孔应依次紧随微孔（浸渍比0.7～1.0）和伴随中孔（浸渍比1.0～1.5）而生长发达。②随着活化温度升高，活性炭样品的微孔容、中孔容均逐渐减小或呈逐渐减小趋势，这种现象应是由炭颗粒逐渐收缩引起的（详见下文孔径分布曲线分析），2～5 nm孔容也同步减小。③随着活化时间增加，活性炭样品的微孔容和中孔容分别在180 min和150 min取得极大值，这种中孔先于微孔达到发育极限的现象说明活化时间超过150 min时炭颗粒已经开始收缩。2～5 nm孔容增减趋势与中孔同步，进一步佐证磷酸浸渍比较大（大于1.0）时2～5 nm孔随中孔一同发育。

将图6.9中的吸附等温线进一步利用QSDFT方法解析，得到活性炭的孔径分布曲线，如图6.11所示（为便于清晰比较，仅展示0.5～10 nm孔段分布）。

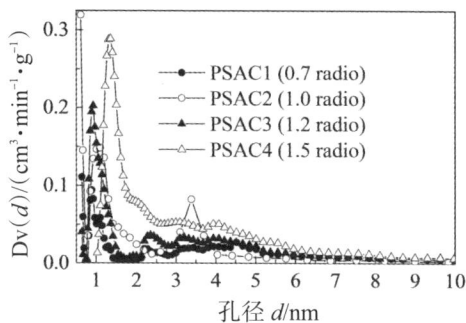

（a）不同浸渍比

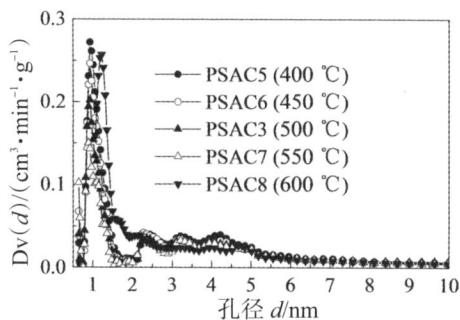

（b）不同活化温度

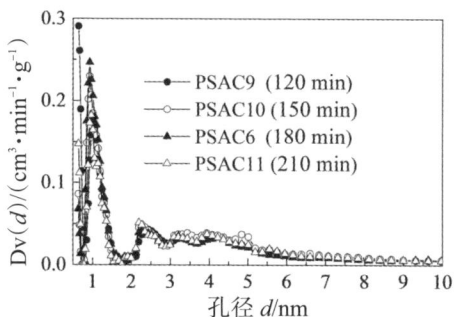

（c）不同活化时间

图6.11　泥炭基活性炭样品的孔径分布曲线

从图6.11可以看出，泥炭基活性炭的微孔主要集中分布在
0.5 nm附近和1.0 nm附近，中孔主要集中分布在2～8 nm孔径范
围。与物理活化法制得泥炭基活性炭相似，其2～5 nm孔段在中
孔中占有十分明显的优势。

从图6.11还可看出以下几点。①随着磷酸浸渍比增加，微孔
在0.5 nm和1.0 nm附近的分布均先增强（浸渍比0.7～1.0），然后
在0.5 nm附近迅速变弱（浸渍比1.0～1.2），在1.0 nm附近逐渐增
强并向高孔径偏移，体现了前述微孔先发育、中孔后发育的特
征。②随着活化温度升高，第一阶段（400～550 ℃），微孔在0.5 nm
附近的分布强度逐渐增大、1.0 nm附近的分布强度逐渐减弱，孔
结构表现出明显的收缩特征，应由磷酸交联结构受热逐渐收缩引
起；第二阶段（高于550 ℃），微孔在0.5 nm附近再无分布、在
1.0 nm附近的分布向高孔径偏移，说明磷酸交联结构遭到了破
坏，孔隙发育受到削弱。③随着活化时间的增加，中孔的分布变
化很小，中孔孔径分布曲线近乎重合，微孔先体现出生长扩张特
征（120～180 min）（0.5 nm附近分布渐弱、1.0 nm附近分布渐强），
之后体现出收缩特征（大于180 min）（0.5 nm附近分布增强、1.0 nm
附近分布减弱）。

6.3.2.3　活性炭的碳结构

活性炭样品的Raman光谱图如图6.12所示，从图中可以看
出，磷酸活化法制得泥炭基活性炭的拉曼光谱也存在两个明显的
碳峰，分别是1350 cm^{-1}附近的D峰（缺陷峰）和1590 cm^{-1}附近的G
峰（石墨峰）。

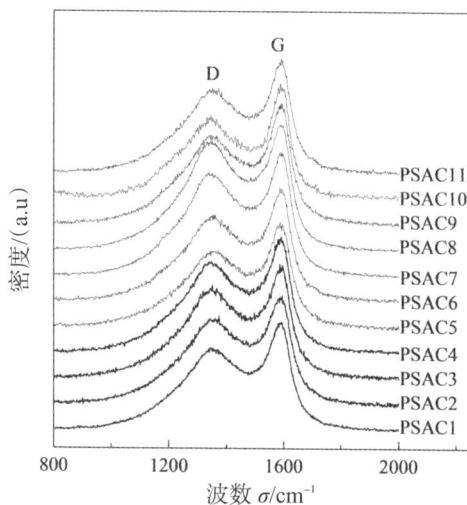

图6.12　泥炭基活性炭样品的拉曼光谱

拟合图6.12中的拉曼光谱，得出各拟合峰积分面积和总积分峰面积I_{D1}、I_{D2}、I_{D3}、I_{D4}、I_G、I_{ALL}，分别以I_{D1}/I_{ALL}、I_{D2}/I_{ALL}、I_{D3}/I_{ALL}、I_{D4}/I_{ALL}、I_G/I_{ALL}表示相应结构的含量大小，以I_{D1}/I_G表示无序化程度。拟合方法详见第3章3.4节。在此需要说明的是，化学活化与物理活化制备活性炭不同，孔结构发育过程不是以碳结构烧蚀为主，是以磷酸交联固碳作用为主，因此，采用各组分积分峰面积与总积分峰面积之比来表示碳结构的增减或许更为合适。解析结果如表6.6所示。

从表6.6中数据可以看出，泥炭基活性炭主要由散乱石墨层结构（D_1）、规则石墨晶体结构（G）和不定形结构（D_3）组成，含量分别为0.47～0.52、0.22～0.25和0.16～0.19。I_{D1}/I_{ALL}值远大于I_G/I_{ALL}值，I_{D1}/I_G值为1.87～2.29，说明活性炭中类石墨微晶无规则排列的程度高。

表6.6　活性炭的碳结构参数

样品	I_{D1}/I_{ALL}	I_{D2}/I_{ALL}	I_{D3}/I_{ALL}	I_{D4}/I_{ALL}	I_{G}/I_{ALL}	I_{D1}/I_{G}	拟合度
PSAC1	0.474 5	0.004 2 07	0.190 7	0.079 29	0.251 3	1.89	0.996
PSAC2	0.485 5	0.006 9 57	0.183 6	0.083 17	0.240 8	2.02	0.997
PSAC3	0.494 7	0.005 3 61	0.172 5	0.081 96	0.245 5	2.01	0.997
PSAC4	0.498 4	0.005 4 09	0.168 8	0.082 78	0.244 6	2.04	0.998
PSAC5	0.475 1	0.006 1 67	0.190 6	0.076 64	0.251 5	1.89	0.997
PSAC6	0.487 3	0.006 9 29	0.176 7	0.078 93	0.250 2	1.95	0.997
PSAC7	0.515 6	0.014 6 10	0.171 1	0.073 91	0.224 8	2.29	0.997
PSAC8	0.522 2	0.009 3 32	0.161 9	0.073 17	0.233 4	2.24	0.995
PSAC9	0.484 5	0.004 7 19	0.173 2	0.081 38	0.256 3	1.89	0.995
PSAC10	0.478 8	0.004 5 70	0.180 7	0.080 00	0.255 9	1.87	0.996
PSAC11	0.489 3	0.005 7 30	0.171 9	0.079 64	0.253 5	1.93	0.997

因 D_2 与 D_1 共存且属于石墨晶体层间不规则层[14-15]，故将表6.6中 I_{D2}/I_{ALL} 与 I_{D1}/I_{ALL} 合并为 I_{D1+D2}/I_{ALL}，表示活性炭中无规则石墨层结构含量。D_4 可归属于无序化炭（碳），故将表6.6中 I_{D4}/I_{ALL} 和 I_{D3}/I_{ALL} 合并为 I_{D3+D4}/I_{ALL}，表示活性炭中无序炭结构。再将 I_{D1+D2}/I_{ALL}、I_{D3+D4}/I_{ALL} 和 I_{G}/I_{ALL} 与活性炭制备的工艺条件关联、绘图，得到如图6.13所示曲线关系。

从图6.13中可以看出，活性炭样品的 I_{G}/I_{ALL} 值较为稳定，随磷酸浸渍比、活化温度和活化时间变化的变化幅度均较小，说明泥炭原料中规则石墨结构的性质较为稳定，不易随活性炭制备工艺条件的变化而改变。I_{D1+D2}/I_{ALL} 值随磷酸浸渍比和活化温度的增加而增大，前者主要由磷酸含量增加使得磷酸交联结构的生成数量增加引起，后者主要由活化温度升高使得磷酸交联结构受热收缩引起，两者分别体现了交联反应量和交联反应强度的增加，因而对活性炭孔隙结构发育的影响也不同，前者起促进作用尤其利于 $2\sim5$ nm 孔段生长，后者起抑制作用。I_{D3+D4}/I_{ALL} 值的变化趋势与 I_{D1+D2}/I_{ALL} 值相反，说明无序炭结构为散乱石墨结构的生长提供了碳源。I_{D1+D2}/I_{ALL} 和 I_{D3+D4}/I_{ALL} 值均随活化时间无明显变化，说明时间参数对泥炭基活性炭碳结构调控的重要性较低。

（a）不同浸渍比　　　　　　　　（b）不同活化温度

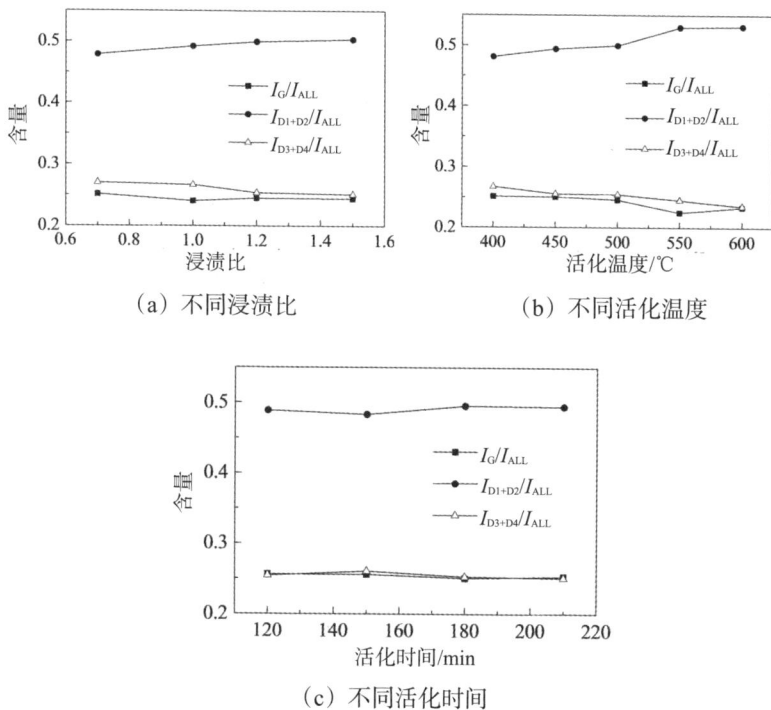

（c）不同活化时间

图6.13　泥炭基活性炭碳结构的演化

6.3.2.4　活性炭的表面化学

磷酸活化制得泥炭基活性炭样品的FTIR光谱如图6.14所示，从中可以看出，活性炭样品分别在官能团区 3 200～3 650 cm^{-1} 和

1 500～2 000 cm⁻¹处出现了较强的羟基(—OH)和羰基(>C=O)吸收峰，在指纹区 1 050～1 250 cm⁻¹处有相应的碳氧吸收带，可以判定其表面存在羟基(—OH)和羰基(>C=O)官能团。

由图 6.14 还可看出，羰基吸收强度随制备条件无显著变化，羟基吸收峰和指纹区碳氧吸收带的变化规律如下：①随着磷酸浸渍比增加，羟基吸收强度先明显变强(浸渍比为 0.7～1.0)，后小幅减小(浸渍比大于 1.0)；指纹区碳氧吸收带分歧峰逐渐增多、吸收强度增大，1 040 cm⁻¹和 1 270 cm⁻¹附近分别显示出 P—O—R 和 P=O 等含磷化合物的吸收特征，说明泥炭参与交联反应的量逐渐增多，但磷酸本身具有的羟基结构也会使得活性炭中羟基含量增多，因而羟基总量减幅不明显。②随着活化温度升高，羟基吸收强度逐渐变弱，进一步说明交联反应强度逐渐增强，与前述孔结构和碳结构分析一致；P—O—R 和 P=O 等含磷化合物的吸收强度无明显规律性变化，这与浸渍比固定的情况下交联结构的生成量基本固定有关。③随着活化时间增加，羟基吸收强度无明显渐变规律，指纹区的峰形也无明显变化。但仍值得注意的是，活化时间最短时(120 min)羟基的吸收峰强度明显最大，说明交联反应需要一定的时间才能有效完成。

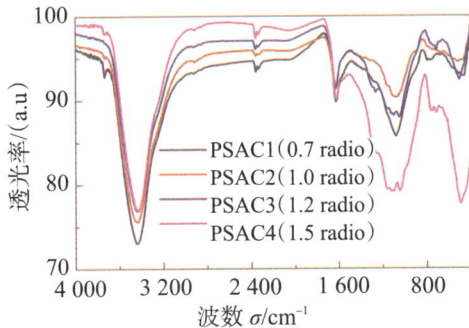

(a) 不同浸渍比

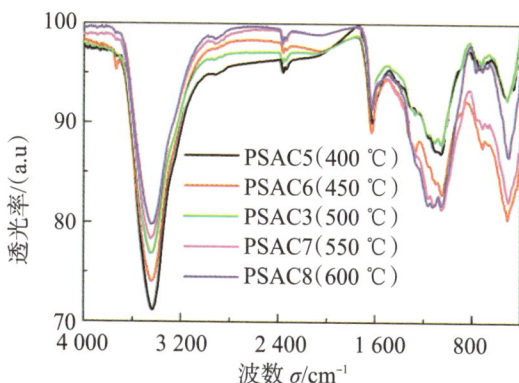

（b）不同活化温度

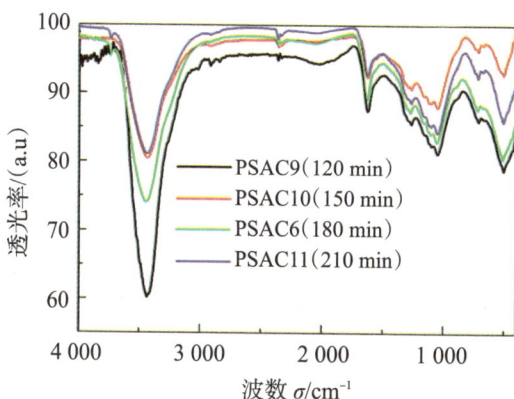

（c）不同活化时间

图6.14 泥炭基活性炭样品的FTIR图谱

6.3.2.5 活性炭的微观形貌

活性炭样品的扫描电子显微镜图片（放大倍数10万倍）如图6.15所示。由图可以看出，磷酸活化制得泥炭基活性炭样品的表面呈冻土状，犹如疏松颗粒的聚集体。随着磷酸浸渍比的增加（PSAC1＜PSAC2＜PSAC3＜PSAC4）、活化温度的升高（PSAC5＜

PSAC6＜PSAC3＜PSAC7＜PSAC8）、活化时间的延长（PSAC9＜
PSAC10＜PSAC6＜PSAC11），活性炭样品的表面形貌逐渐趋于蓬
松，说明活化过程中交联结构的生成量增大或交联反应加深，可
直观印证前述孔结构、碳结构和表面化学分析。

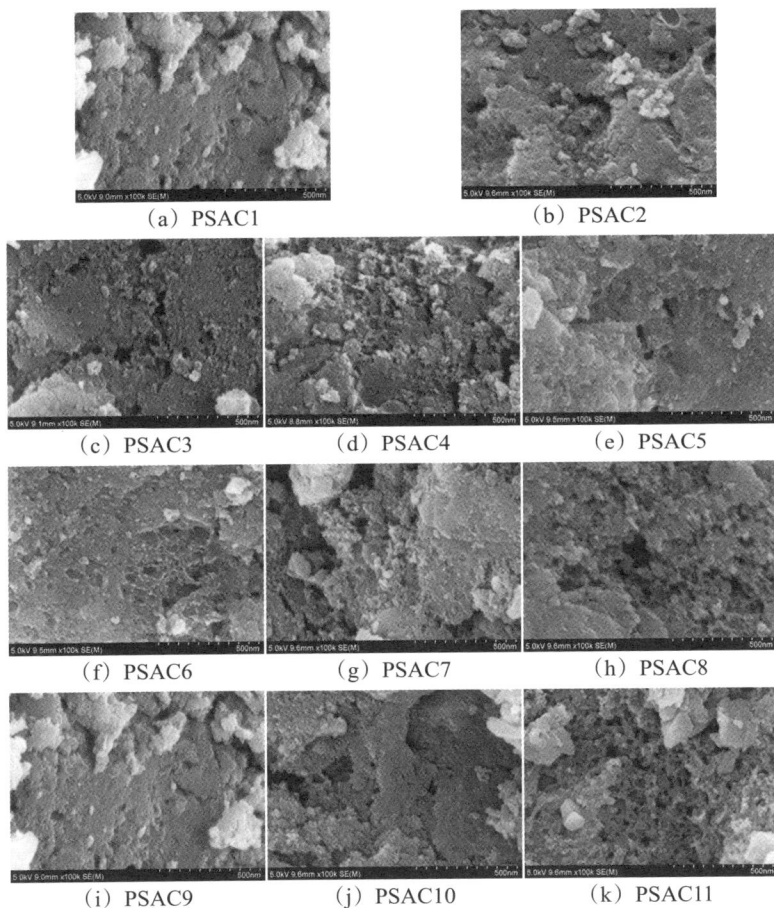

(a) PSAC1   (b) PSAC2

(c) PSAC3   (d) PSAC4   (e) PSAC5

(f) PSAC6   (g) PSAC7   (h) PSAC8

(i) PSAC9   (j) PSAC10   (k) PSAC11

图6.15 活性炭的SEM图像

6.3.3　化学活化法制备泥炭基活性炭的工艺优化

汇总本章前述磷酸活化法制得泥炭基活性炭样品的孔结构参数数据，可得不同工艺条件下微孔容 V_{micro}、中孔容 V_{meso}、2～5 nm孔容 V_{2-5} 的极大值，如表6.7所示。从表中可以看出，获得2～5 nm孔容和中孔容极大值的工艺条件相同，欲优化化学活化法制备2～5 nm孔发达的泥炭基中孔活性炭，可设定制备工艺条件如下：磷酸浸渍比为1.5、活化温度为400 ℃、活化时间为150 min。

表6.7　不同化学活化工艺条件下泥炭基活性炭孔结构参数的极大值

工艺条件			极大值/(cm³·g⁻¹)
磷酸浸渍比	1.0	V_{micro}	0.204
	1.5	V_{meso}	0.201
	1.5	V_{2-5}	0.1475
活化温度/°C	400	V_{micro}	0.190
	400	V_{meso}	0.196
	400	V_{2-5}	0.0973
活化时间/min	180	V_{micro}	0.172
	150	V_{meso}	0.214
	150	V_{2-5}	0.1052

将采用优化工艺制得泥炭基活性炭样品命名为"HYAC"，其 N_2 吸附等温线如图6.16所示。

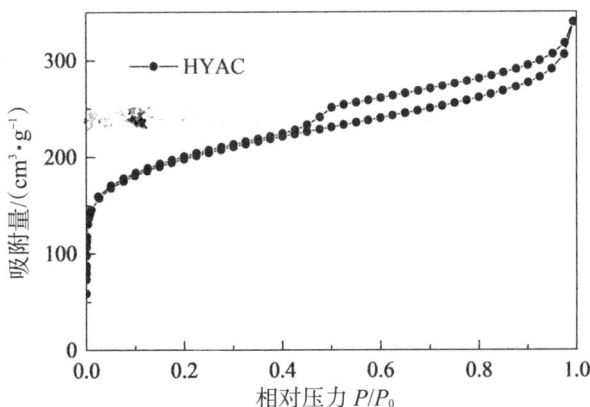

图6.16　优化的化学活化工艺制备活性炭样品的N_2吸附–脱附等温线

解析图6.16中的吸附等温线，得到优化方案下制得泥炭基活性炭样品的孔结构参数，如表6.8所示。

表6.8　优化的化学活化工艺制备活性炭样品的孔结构参数

样品	S_{BET}/ $(m^2 \cdot g^{-1})$	比孔容/$(cm^3 \cdot g^{-1})$				比孔容率/%		2~5 nm孔的中孔占比/%	D_{ave}
		V_t	V_{micro}	V_{meso}	V_{2-5}	中孔	2~5 nm孔		
HYAC	683	0.484	0.161	0.247	0.157 9	51.03	32.62	63.93	3.05

从表6.8可以看出，采用优化方案制得活性炭样品的2~5 nm孔容和中孔容均有显著提高，2~5 nm孔容接近于DARCO FGL (0.16 cm³/g)[11]，2~5 nm孔容率大于DARCO FGD(16.78 %)[11]和DARCO FGL(12.80 %)[11]。

进一步利用QSDFT方法解析图6.16中的吸附等温线，可得孔径分布曲线如图6.17所示（为便于清晰观察，仅展示0.5~20 nm孔段分布），可见活性炭样品在2~5 nm孔段虽无集中分布峰，但分布优势仍较为明显，且5～10 nm孔段也较发达，利于二噁英分子的扩散。

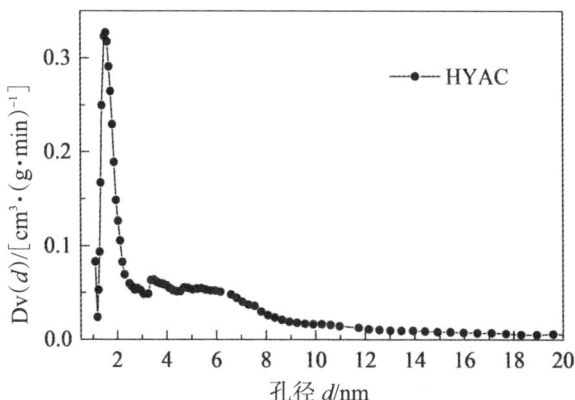

图6.17　优化的化学活化工艺制备活性炭样品的孔径分布曲线

6.4　本章小结

本章通过对浸渍磷酸泥炭 N_2 氛围下的热重分析和炭化料的工业指标、微晶结构、表面化学和微观形貌分析，研究磷酸活化制备泥炭基活性炭的炭化、活化机理；通过对活性炭的吸附性能、孔结构、碳结构、表面化学和微观形貌分析，研究磷酸活化制备泥炭基活性炭的孔结构演化特征，由此明晰磷酸活化法制备泥炭基活性炭孔隙发育的规律、特征、成因及2～5 nm孔段的调控途径。主要结论有以下5个方面。

（1）泥炭在浸渍磷酸活化的过程中发生了交联反应，炭化/活化最大失重速率出现的温度从300 ℃附近降低至200 ℃附近，最大失重速率随磷酸浸渍比的增加逐渐降低，低升温速率利于炭化/活化反应充分进行，高磷酸浸渍比利于促进活性炭微晶结构无序化，所得活性炭以散乱石墨层结构、规则石墨晶体结构和不定形结构为主要构成，表面主要含有羟基(—OH)和羰基(>CO)官能团。

（2）随着磷酸浸渍比的增加，泥炭的交联反应量逐渐增多，磷酸的骨架作用逐渐增强，活性炭的无规则石墨层结构含量逐渐增加，羟基官能团含量逐渐减少，微孔和中孔在浸渍比为0.7～1.0和大于1.0时依次显著发育，吸附性能逐渐增强，2～5 nm孔容先、后(浸渍比为0.7～1.0、1.0～1.5)伴随微孔和中孔生长且逐渐增大。

（3）随着活化温度的增加，泥炭的交联反应强度逐渐增强，活性炭的无规则石墨层结构含量逐渐增加，羟基官能团含量逐渐减少，孔隙结构先逐渐收缩(400～550 ℃)，然后发生破坏(600 ℃)，微孔容、中孔容逐渐减小，吸附性能逐渐减弱，2～5 nm孔容逐渐减小。

（4）泥炭与磷酸的交联反应需大于120 min才能完成，之后随着活化时间的增加，活性炭的羟基含量先大幅减少(120～150 min)，后无明显规律性变化（大于150 min），孔隙结构先扩张（120～180 min），然后收缩（大于180 min），吸附性能大于180 min时明显减弱，碳结构无明显变化，对2～5 nm孔的发育无明显影响。

（5）以贵州毕节泥炭为原料，采用研究优化的工艺参数（磷酸浸渍比为1.5，活化温度为400℃，活化时间为150 min）制得的活性炭样品，比表面积为683m^2/g，2～5 nm孔容可达0.1579 cm^3/g，占总孔容比率为32.62 %，占中孔容比率为63.93%，中孔率为51.03%，孔结构优于或接近于市售国际品牌垃圾焚烧烟道气净化用活性炭。

参考文献

[1]　左宋林. 磷酸活化法活性炭孔隙结构的调控机制[J]. 新型炭材料, 2018, 33(4): 289-302.

[2]　左宋林. 磷酸活化法制备活性炭综述(Ⅰ): 磷酸的作用机理[J]. 林产化学与工业, 2017, 37(3): 1-9.

[3]　KHADIRAN T, HUSSEIN M Z, ZAINAL Z, et al. Textural and chemical properties of activated carbon prepared from tropical peat soil by chemical activation method[J]. BioResources, 2014, 10(1): 986-1007.

[4]　谢克昌. 煤的结构与反应性[M]. 北京: 科学出版社, 2002.

[5]　邓锋, 解强, 刘德钱, 等. 2～5nm孔集中分布泥炭基中孔活性炭的制备[J]. 化工学报, 2019, 70(11): 4457-4468.

[6]　张双全. 煤化学[M]. 4版. 徐州: 中国矿业大学出版社, 2015.

[7]　张则有. 泥炭资源开发与利用[M]. 长春: 吉林科学技术出版社, 1992.

[8]　JAGTOYEN M, DERBYSHIRE F. Activated carbons from yellow poplar and white oak by H_3PO_4 activation[J]. Carbon, 1998, 36(7): 1085-1087.

[9]　SOLUM M S, PUGMIRE R J, JAGTOYEN M, et al. Evolution of carbon structure in chemically activated carbon[J]. Carbon, 1995, 33(9): 1247-1254.

[10]　DENG F, XIE Q, LIANG D C, et al. Pyrolysis of peat in the presence of phosphoric acid: thirty-fifth annual international pittsburgh coal conference, xuzhou, 2018[C].

[11] CABOT. Flue gas treatment[EB/OL]. (2016-12-10)[2020-02-10].
http://www.cabotcorp.com/.

[12] KAOUAH F, BOUMAZA S, BERRAMA T, et al. Preparation
and characterization of activated carbon from wild olive cores
(oleaster) by H_3PO_4 for the removal of Basic Red[J]. Journal of
Cleaner Production, 2013,8(54):296-306.

[13] 蒋剑春. 活性炭制造与应用技术[M]. 北京: 化学工业出版社,
2018.

[14] SHENG C. Char structure characterised by Raman spectroscopy
and its correlations with combustion reactivity[J]. Fuel, 2007,86
(15):2316-2324.

[15] BEYSSAC O, GOFFÉ B, PETITET J, et al. On the character-
ization of disordered and heterogeneous carbonaceous materials
by Raman spectroscopy[J]. Spectrochimica Acta Part A: Molecu-
lar and Biomolecular Spectroscopy, 2003,59(10):2267-2276.

第7章 结论与展望

7.1 结论

本书采用分子模拟方法研究分析了不同孔径活性炭狭缝孔结构模型和不同孔结构二噁英吸附用活性炭近似孔结构模型的二噁英吸附性能；以贵州毕节泥炭为原料，采用物理活化法（水蒸气活化、二氧化碳活化）和化学活化法（磷酸活化）制备泥炭基活性炭，利用热重分析（TGA）、X衍射（XRD）、气体吸附仪（N_2吸脱附）、激光拉曼光谱（Raman）、傅里叶变换红外光谱（FTIR）、扫描电子显微镜（SEM）等研究分析了不同制备工艺下泥炭基活性炭孔结构的演化规律和作用机制，探讨了2～5 nm孔的调控途径。

研究形成的主要结论有以下5个方面。

（1）有毒二噁英异构体2，3，7，8-四氯代二苯并-对-二噁英（TCDD）分子与活性炭狭缝孔壁间的作用势有两个以孔中心为轴对称分布的能量最低点，孔径为2～5 nm特别是2～4 nm时孔中心和孔壁面附近均有较大的作用势，吸附过程中TCDD分子与活性炭的相互作用能在孔径大于2 nm后的强度分布逐渐向低吸附能区偏移，孔隙对TCDD分子的吸附能力逐渐减弱；在120～200 ℃温度范围内，活性炭对TCDD分子的吸附性能与中孔的发达程度呈正增长关系，中大孔率相近时2～5 nm孔隙发达的活性炭利于二噁英的吸附，中孔发达、具有较大2～5 nm孔容的活性炭的

189

TCDD扩散系数值及相同温度条件下的亨利常数值、吸附量最大。活性炭2～5 nm孔隙具有良好的二噁英吸附能力的原因在于其内部具有较大的吸附作用势，适于吸附净化二噁英的活性炭应具有发达的中孔(2～50 nm)，尤其是2～5 nm的孔隙。

（2）泥炭炭化的主要温度区间为200～600 ℃，最大失重速率出现在300 ℃，提高炭化温度和增加炭化时间利于形成挥发分产率 V_{daf} 低、石墨化度 g 高的炭化料；炭化料发生气体活化反应的主要温度区间为740～900 ℃，活化过程以消耗无序炭和微晶外围活性位点碳为主，表面官能团种类不变，含量降低；随着炭化料炭化程度的加深，活性炭的孔结构演化先后经历"跃变区"（炭化温度低于500 ℃）和"平台区"（炭化温度高于500 ℃），比表面积 S_{BET}、总孔容 V_t、中孔容 V_{meso} 和微孔容 V_{micro} 在"跃变区"发生大幅升/降变化，在"平台区"基本稳定，过高的炭化程度（炭化温度高于550 ℃）会降低2～5 nm孔容和孔容率。泥炭在不同炭化条件下形成了组成和结构差异较大的炭素前驱体，是炭化阶段调控泥炭基活性炭孔结构的基础。

（3）水蒸气活化下，随着活化温度的升高，活性炭的孔结构先后经历造孔（750～800 ℃）、扩孔（800～850 ℃）、孔塌陷（850～900 ℃）、炭表面烧蚀（900～950 ℃）的演化过程。随着活化时间的增加，先后经历充分发育期(60～120 min)、过度发育期（120～150 min）；水蒸气通量的增加仅产生扩孔作用；2～5 nm孔的发育规律与微孔趋于一致，有效地调孔是通过全程清除无序炭、部分消耗缺陷微晶炭、少量激活活性位点碳来实现的。二氧化碳活化下，随着活化温度、活化时间、CO_2流量的增加，活性炭分别在900 ℃、120 min、200 mL/min取得微孔容 V_{micro} 和中孔容 V_{meso} 的极大值；2～5 nm孔的发育程度取决于活性炭总体孔隙结构的发育程度，且主要伴随中孔生长而增大；晶化碳的烧蚀利于活性炭孔隙的发育，非晶化碳的烧蚀则具有相反的效果。活化过程碳结构的烧蚀是物理活化法制备泥炭基活性炭时孔结构发育的主要作用和调控途径。

（4）泥炭在磷酸存在下的炭化/活化过程中发生了交联反应，炭化/活化最大失重速率出现的温度从300 ℃附近降低至200 ℃附近，最大失重速率随磷酸浸渍比的增加而降低，低升温速率利于炭化/活化反应充分进行，高磷酸浸渍比利于微晶结构无序化；磷酸浸渍比的增加促进了交联反应量的增多，活性炭的2～5 nm孔容先伴随微孔增长（浸渍比0.7～1.0），后伴随中孔增长（浸渍比1.0～1.5）；活化温度的增加促进了交联反应强度的增强，孔隙结构先逐渐收缩（400～550 ℃），后发生破坏（600 ℃），2～5 nm孔容递减；交联反应需大于120 min才能完成，活化时间对2～5 nm孔的发育无明显影响。磷酸化学活化法制备泥炭基活性炭时，泥炭的活化反应性和活性炭的孔结构发育主要受磷酸-泥炭交联反应作用的影响。

（5）优化物理活化工艺参数条件（炭化温度450 ℃，活化温度800 ℃，活化时间120 min，水蒸气通量0.5 g/(g·char·h)）制得泥炭基活性炭样品的2～5 nm孔容为0.129 cm³/g，2～5 nm孔容率为21.83 %，中孔率为73.94%；优化化学活化工艺参数条件（磷酸浸渍比1.5，活化温度400 ℃，活化时间150 min)制得泥炭基活性炭样品的2～5 nm孔容为0.158 cm³/g，2～5 nm孔容率为32.62 %，中孔率为51.03%，孔结构均优于或接近于市售国际品牌垃圾焚烧烟道气净化用活性炭。水蒸气活化法更利于中孔发育，可作为开发泥炭基垃圾焚烧烟道气净化用活性炭的优选制备途径。

本书研究的创新点有以下几方面。

（1）基于活性炭狭缝孔结构模型和近似二噁英吸附用活性炭孔结构模型，模拟研究活性炭吸附典型有毒二噁英异构体TCDD，阐明了2～5 nm孔径具有良好二噁英吸附性能的作用机制和孔结构影响活性炭吸附二噁英性能的规律。

（2）揭示了泥炭基活性炭2～5 nm孔的发育规律、调控途径及工艺条件，在实验室制得孔结构优于或接近于市售国际品牌垃圾焚烧烟道气净化用活性炭。

（3）构建了泥炭基活性炭孔结构、碳结构、表面化学、微观形貌、吸附性能之间的演化关系，发现了碳烧失和磷酸交联反应的泥炭基活性炭物理活化和化学活化的孔结构调控特征，揭示了泥炭基活性炭孔结构调控的作用机制。

7.2 展望

本书针对目前垃圾焚烧烟道气净化用活性炭的制备研究滞后于行业需求、活性炭中孔调控技术对2～5 nm孔的适用性不够、二噁英吸附实验毒性风险大等情况，选择了能有机融合煤基及木质活性炭中孔调控技术的泥炭为原料制备活性炭，考察了活性炭对二噁英的模拟吸附、泥炭基活性炭制备的炭化过程和孔结构演化过程，获得泥炭基活性炭孔结构演化特别是2～5 nm孔发育的规律和相关机理。

研究虽然综合考虑了目前工业生产活性炭的主要制备方法及其孔结构调控技术，但受工作时间和条件所限，尚有一些细节问题需要进一步解决，主要包括以下3个方面。

（1）采用物理活化制备泥炭基活性炭时，虽然分别考察了水蒸气活化和二氧化碳活化下的孔结构演化规律和作用机制，但未系统地进行水蒸气联合二氧化碳活化下的研究，对应于工业上烟道气活化生产活性炭的机理研究有待深入。

（2）未充分利用泥炭兼具煤炭和生物质组成、结构的特性，有效融合物理活化法和化学活化法制备泥炭基活性炭，如能进一步细化活化条件实验进行工艺创新，对泥炭基活性炭孔结构的调控将大有裨益。

（3）未得到泥炭内在矿物质对活性炭孔结构演化的影响规律，如能对活性炭样品进一步深入开展XRD、SEM+EDS等表征分析，将有助于完善泥炭基活性炭孔结构调控的相关机理。

作为针对应用的研究，本书较全面地阐明常见工业生产活性炭方法下制备泥炭基活性炭的孔结构演化特征、作用机制和调控途径，但涉及制备工艺和应用效果评价的许多细节仍存在不足，如能进一步优化或创新工艺、完善吸附实验，得到更全面细致的规律，对工业开发泥炭基活性炭将有更好的指导意义。